TAIPEI
SHOP + ING

타이베이 쇼핑

TAIPEI
SHOP + ING

타 이 베 이   쇼 핑

나만의 라이프스타일을
찾아 떠나는 타이베이 감성 여행

—

시린 喜琳 지음
임화영 옮김

발걸음을 한 템포 늦추고
타이베이의 라이프스타일을 느껴보자!

나만의 방식으로 타이베이를 거닐다

타이베이를 처음 방문한 것은 2013년 봄이 막 시작될 무렵이었다. 타이베이는 문화와 예술의 정취가 그대로 느껴지는 도시였다. 겉모습은 여느 도시와 다를 바 없이 평범해 보일지 몰라도 자세히 살펴보면 골목 구석구석에 독특한 커피숍과 잡화점들이 숨은 듯 자리하고 있다. 길을 걷다가 우연히 발견한 가게로 발을 들이게 되면 뒷일은 모두 잊은 채 구경하는 재미에 푹 빠져버릴지도 모른다.

타이베이의 각종 라이프스타일숍을 찾아다니면서 만났던 몇몇 젊은 친구들은 다른 이에게 구속받지 않는 자유로운 삶을 즐기며 살고 있었다. 그들은 옛 정취가 물씬 풍기는 거리에 정성스럽게 꾸민 가게를 열어 오리지널 브랜드 제품이나 직접 수집한 물건들을 대중에게 선보였다. 평범한 일상의 정서가 담긴 물건을 통해 그들이 전하고자 하는 메시지는 '소소한 일상 속에서 즐거움을 찾자'라는 것이다.

도시의 참모습은 종종 거리 모퉁이나 구석진 골목에서 발견할 수 있다. 골목 속에 숨겨진 개성 있는 라이프스타일숍을 통해 현지인의 라이프스타일이나 그들이 실현하고자 하는 이상적인 삶이 어떤 것인지를 알 수 있기 때문이다. 이런 이유로 나는 타이완의 라이프스타일숍 탐방 여행을 시작하게 되었다.

나는 2년 동안 무려 네 차례나 타이베이를 방문했다. 크고 작은 골목을 누비고 다니면서 타이베이 토박이들도 처음 들어보는 라이프스타일숍을 찾아내기도 했다. 내가 찾은 가게는 대체로 사업성은 없지만, 대신에 사람 냄새가 물씬 풍기는 정감 어린 곳이었다. 몇몇 가게 주인들과는 오랜 친구처럼 두터운 우정을 쌓기도 했다.

타이베이의 라이프스타일숍은 엄밀히 따지면 오리지널숍과 편집숍으로 나뉘지만 대부분이 두 가지 형태를 복합적으로 갖추고 있다. 모구(蘑菇)나 루피(鹿皮)처럼 자체 브랜드만을 취급하는 오리지널숍은 디자이너의 개성이 물건에 그대로 드러나 있다. 그리고 더 많은 비중을 차지하고 있는 편집숍은 가게의 경쟁력이 주인의 스케일에 달려 있다고 해도 과언이 아니다. 규모가 작은 가게라도 세계 곳곳에서 수집한 귀한 물건을 판매하는 경우가 있으므로 다른 가게와의 경쟁에서 살아남기 위해서는 끊임없이 새로운 물건을 찾아다니는 주인의 의지가 필요하다. 이런 힘든 과정을 통과해야만 비로소 자신만의 개성 있는 라이프스타일숍을 만들 수 있다. 만약 타이베이에서 가게를 열 생각이라면 맹목적으로 트렌드만 따를 것이 아니라 철저한 사전 준비와 충분한 노하우를 쌓아야 경쟁에서 뒤처지지 않을 것이다.

타이베이에서 머무는 동안 개성 강한 가게 주인을 여럿 알게 되었다. 재미있는 점은 주인의 성격에 따라 매장 분위기도 달라진다는 것이다. 주인의 성격이 온화하면 가게에서 따뜻한 분위기가 넘쳐흘렀고, 대범하면 쿨한 분위기를 자아냈다. 그리고 주인의 성격이 자유분방하면 매장 인테리어에서 독특한 분위기가 느껴졌고, 신중하면 매장의 전체적인 분위기가 차분했다. 다양한 라이프스타일숍을 다니면서 열심히 관찰하고 주인과 대화를 나눠보니 그들의 소망은 하나같이 닮았다는 것을 알게 되었다. 그들은 자신의 가게를 통해서 사람들에게 각종 생활용품을 소개함으로써 사람과 물건, 혹은 사람과 사람 사이의 소통이 이루어지길 바랐다. 이런 교류의 장에서 눈과 마음으로 아름다운 물건을 접하게 되면 생활의 품격도 덩달아 올라가게 될 것이라는 게 그들의 주장이다.

그동안 수많은 라이프스타일숍을 탐방했지만 지면과 필자의 능력에 한계가 있어 모든 것을 수록하지는 못했다. 다만 독자들이 이해하기 쉽도록 타이베이의 지역에 따라 숍을 구분해서 정리했다. 타이베이는 지역마다 거리의 분위기가 전혀 달랐다. 미국식 주택이 즐비한 푸진제(福錦街)는 참신한 느낌이 났고, 유구한 역사가 숨 쉬는 디화제(迪化街)에는 최근 트렌드숍이 마구 들어서서 마치 신구(新舊) 문화가 거리에서 불꽃 튀는 경쟁을 벌이는 것 같았다. 원래 철공소 거리였던 츠펑제(赤峰街)는 젊은 예술가들의 문화 집결지로 탈바꿈했고, 융캉제(永康街)와 스다루(師大路)는 문학과 예술의 정취가 물씬 풍겼다. 이렇듯 타이베이라는 도시는 거리 곳곳에서 다양한 모습을 체험해볼 수 있다. 이번에 나는 라이프스타일숍을 찾아다니면서 주변에 있는 근사한 식당이나 커피숍도 함께 둘러보았다. 많지는 않지만 독자들을 위해 Shop Map에 설명을 달아두었다.

나는 한번 시작한 일에는 열정을 다해 끝을 보는 성격이다. 이 책을 마무리하면서 그동안 도움을 주신 모든 분께 감사의 인사를 전하며, 특히 묵묵히 내 옆에서 격려와 도움을 아끼지 않았던 남편에게 고마움을 표하고 싶다.

이 책은 단지 실마리를 제공할 뿐, 모든 사람이 각자의 방식으로 자신만의 타이베이를 찾고 기억하길 바란다.

베이징(北京)에서

시린

　　타이완 해협 양안 관광협회는 중국 관광객에게 타이완 자유 여행을 홍보하기 위해 해마다 '타이완 자유 여행, 가이드 달인' 선발대회를 개최하고 있다. 2013년 제2회 선발대회에서는 총 1,134개 팀이 참가해서 여행 기획안을 제출했고, 문화, 미식, 자연, 오락, 쇼핑, 낭만이라는 6개 주제에 대한 전문가로 구성된 심사위원들의 엄격한 심사를 거쳤다. 그 결과, 치열한 경쟁률을 뚫고 최종적으로 11개 팀이 선정되었다.

　　이 책의 저자 시린은 대회 당시 '쇼핑' 부문에서 두각을 드러낸 여행 달인이었다. 더욱 칭찬할 만한 것은 그녀가 타이완의 원촹(文創), 즉 문화 창의 사업에 무한한 애정과 관심을 보인다는 점이었다. 그래서 이 책에는 예리한 관찰력과 섬세한 필치로 묘사한 여행에 대한 그녀의 열정과 의지가 고스란히 담겨 있을 거라고 확신한다. 나는 그녀가 정성껏 준비해온 타이완 여행책이 하루빨리 나오기를 고대했고, 이제 그 기대가 결실로 이어져 시린의 첫 번째 책이 출간되는 기쁨을 맛보게 되었다. '타이베이 쇼핑(원제: 台灣好物-쿵台北生活设计好店)'이라는 제목만 보고도 이 책에 어떤 내용이 담겨 있는지 짐작할 수 있을 것이다. 이 책은 원촹 산업이 밀집해 있는 타이베이의 문화 거리를 모두 소개하고 있는데, 푸진제, 디화제, 중산베이루(中山北路), 융캉제, 스다루 등은 최근 몇 년간 타이베이 젊은이들의 핫플레이스이자 원촹 문화의 성지(聖地)로 알려진 장소이다. 누군가는 쇼핑이 여행의 추억을 남기는 가장 좋은 방법이라고 했다. 쇼핑을 통해 여행의 추억을 남기고자 하는 독자들은 이 책을 들고 설명대로 찾아가기만 하면 반드시 자신이 원하는 것을 찾을 수 있을 것이다.

　　타이완은 중국과 언어가 통하고 문화도 비슷해서 중국 관광객이 여행하기에 좋은 곳이다. 그래서 시린의 책이 출판되면 중국, 나아가 전 세계적으로 젊은 친구들 사이에서 타이완 여행 붐이 일어나기를 간절히 바란다. 열정적으로 타이완을 홍보해준 저자에게 감사의 말을 전하며, 아울러 독자들이 적극적으로 타이완을 찾아주길 고대한다. 만약 독자들이 타이완을 방문해 책 속에 소개된 라이프스타일숍을 둘러본다면 타이베이 사람들의 생활 품격, 디자인 미학, 전통문화 등을 모두 체험하고 돌아갈 수 있을 것이다. 나 역시 타이베이 사람으로 이 책을 보면서 고향의 정겨움을 느꼈다. 이 모든 것에 대해 감사하는 마음으로 이 글을 바친다.

타이완 해협 양안 관광협회 베이징 사무처장

양루이쭝(楊瑞宗)

Contents

쑹산취

·

푸진제

민성서취(民生社區) 푸진제 일대를 걷다 보면 마치 도심 속 밀림에 있는 듯한 느낌이 든다. 도롯가에 길게 늘어선 반얀트리가 아늑한 그늘을 만들어주고 바깥세상의 소음마저 차단해주어 나도 모르게 바쁜 발걸음을 멈추고 편안한 여유 속으로 빠져들게 된다. 초록빛으로 가득한 고즈넉한 이 거리에 언제부터인가 개성 넘치는 미니숍, 디자인 스튜디오, 커피숍, 키친 레스토랑 등이 한둘씩 들어서고 있다. 매장 인테리어도 가게 주인들끼리 입이라도 맞춘 듯 하나같이 주변 환경과 잘 어우러지게 꾸며놓았다. 이곳에서는 느긋한 마음으로 한 박자 발걸음을 늦추고 둘러보아야 푸진제의 진정한 라이프스타일숍을 발견할 수 있다.

영화 〈36번째 이야기(第36個故事)〉의 촬영지로 유명해진 푸진제의 두얼 커피숍(朵兒咖啡館, Daughter's Café)은 뜻밖에도 일찍 폐업해버려 많은 사람이 안타까워하고 있다. 영화 속 대사 중에는 이런 말이 있다. "세상일은 당신 뜻대로 되지 않는다……. 그게 바로 도시의 참모습이고, 도시 속에서 반복되는 일상이다." 앞으로도 수많은 것이 도시 속에서 자취를 감췄다가 다시 나타나는 일이 끊임없이 반복되겠지만, 푸진제의 아름다움만은 영원할 것이다.

1

팡팡탕

放放堂, funfuntown

X

즐거움이 공존하는 핫플레이스

한여름 뜨거운 햇살이 내리쬐는 8월 어느 날, 쑹산(松山) 지하철역을 나와 민취안둥루 4단(民權東路4段) 길을 따라 동쪽으로 걷다 보니 녹음이 우거진 민취안 공원이 보였다. 휴대전화 지도앱을 켜고 이곳 위치를 찾아보았다. 푸진제 부근이었다.

공원을 가로질러 남쪽으로 걷다가 마치 오랜 연인을 한눈에 알아보듯 팡팡탕을 발견했다. 사실 여행을 떠나기 전부터 내심 가장 기대했던 곳이 바로 이 팡팡탕이었다. 타이베이의 문화예술 거리를 소개한 잡지에서 이 가게에 관한 기사를 본 적이 있기 때문이다. 그때 잡지 속 사진에서 봤던 'funfuntown'이라고 쓰인 녹슨 철제 간판이 바로 내 눈앞에 있는 것이 아닌가!

가게 입구의 나무그늘 아래에는 동네 사람으로 보이는 몇몇이 담소를 나누고 있었고, 그 옆에는 동네 꼬마 아이가 꼬리 치며 달려드는 래브라도레트리버와 장난을 치며 놀고 있었다. 이런 정겨운 풍경은 그 어떤 도시에서도 흔히 볼 수 없는 모습이었다.

가게 통유리창 너머로 보이는 진열대에는 눈길을 끌 만한 물건들이 가득했다. 문을 열고 들어서자마자 점원과 눈이 마주쳤지만, 그녀는 미소로 살짝 인사할 뿐 곧바로 자신이 하던 일에 몰두했다. 평소 점원들의 과도한 응대에 거부감이 들었던 나로서는 오히려 마음이 편해져서 좋았다. 우선 사진 촬영이 가능한지 물어보

고 마음대로 찍어도 좋다는 대답을 들은 후 여유롭게 내부를 둘러보기 시작했다.

수공예품이 가득한 매장 안에는 텅스텐램프가 온기를 품은 채 독특한 느낌의 빛을 발산하고 있었고, 주인공처럼 매장 중앙에 떡 하니 놓인 커다란 원목 테이블 위에는 다양한 재질의 컵, 쟁반, 그릇, 접시들이 놓여 있었다.

매장 곳곳에는 자전거에서부터 수공예 블록까지 없는 게 없을 정도로 온갖 물건이 빼곡히 들어차 있었다. 가장 시선을 끈 것은 조명기구로, 특히 밀림 속 동물들의 집회를 형상화한 컬러풀한 색감의 펜던트 조명등이 눈에 띄었다. 다른 쪽 매장 구석에는 오래 사용해도 싫증 나지 않을 법한 예쁜 법랑 그릇들이 진열되어 있어 사람들의 눈길을 사로잡았다.

사람들은 타고난 능력을 발휘하듯 기회가 있을 때마다 자신만의 공간을 꾸미려고 한다. 작게는 사무실 책상 꾸미기부터 크게는 집 안 인테리어까지 정성을 다해 꾸미기에 몰두한다. 팡팡탕은 이런 고객들을 위해 국내외 디자이너의 작품뿐만 아니라 일반인의 아이디어가 담긴 생활용품까지 모두 수집해서 전시하고 있으며, 그것이 트렌디한 디자인이든 빈티지한 것이든 상관하지 않고 다양한 작품을 찾아서 알리고 있다.

그래서인지 이곳은 세계 각지에서 수집된 개성 넘치는 인테리어 소품들과 우리의 라이프스타일에 톡톡 튀는 아이디어를 제공해줄 만한 물건들로 가득했다. 가게 이름처럼 즐거움과 신기함이 가득한 라이프스타일숍이었다. 팡팡탕에는 앤티크한 소품이나 트렌디한 디자인의 장식품이 두루 갖춰져 있었고, 스타일도 다양해서 소박하고 심플한 것부터 과장되고 와일드한 것까지 모두 찾아볼 수 있었다. 물건은 다양했지만, 이들의 공통점은 하나같이 다 사람들이 선호할 만한 물건이라는 것이다.

팡팡탕의 가게 주인은 특히 조명장식에 관심이 많아서 에디슨 텅스텐램프만도 10여 종이나 수집했다고 한다. 일반형뿐만 아니라 글라스 블로잉(Glass Blowing) 기법으로 만든 물방울 형태의 램프도 있고, 불을 켜면 필라멘트가 좌우로 흔들거려 촛불을 켠 듯한 효과를 내는 독특한 램프도 있었다. 텅스텐램프의 사용법이 궁금해서 점원에게 물어보았더니 그녀는 웃으며 친절하게 설명해주었다. 그러면서 이 가게 주인도 유리병이나 독특한 재료로 가끔 조명기구를 만든다며, 일상생활에서 손쉽게 구할 수 있는 재료로 재미있는 물건을 만들어내는 짜릿함을 함께 느끼길 바라는 마음에서 직접 만드는 것이라고 덧붙여 말했다.

　매장을 한 바퀴 돌아본 후 좀 더 자세히 살펴보니, 미처 발견하지 못한 흥미로운 물건들이 눈에 띄기 시작했다. 모던함이 물씬 풍기는 '밸런싱 블록(Balancing Blocks)'은 뉴욕의 두 젊은 가구 디자이너 그레고리 번테인(Gregory Buntain)과 이안 콜린스(Ian Collings)가 공동으로 제작한 작품이라고 한다. 이들은 가구를 제작하고

남은 목재로 다각형의 신기한 블록을 만들어냈는데, 블록 쌓기 게임용으로 사용하거나 팡팡탕처럼 테이블 위에 올려놓고 장식용으로 사용해도 좋을 것 같았다.

한 줄로 늘어선 미니 목제 화병 세트에도 시선이 끌렸다. 엄지손톱만 한 크기였지만 매우 정교하게 만들어졌고, 간결한 디자인에서 참선의 느낌이 묻어나 바라보는 이의 마음까지도 선하게 만들어주는 듯했다. 화병에 있는 독특한 원목의 결을 보고 있으면 얼른 손에 들고 만져보고 싶은 충동마저 들었다. 사람들은 왜 미니 사이즈 소품에 혹하는 걸까? 그것은 아마 자그마한 작품 속에 디자이너가 표현하고자 하는 궁극적 요소가 모두 나타나 있기 때문일 것이다.

예전에 팡팡탕의 가게 주인이 인터뷰한 인터넷 기사 중에서 가게 이름에 대해 말한 내용이 문뜩 떠올랐다. 기사에서 '팡팡탕'이라는 이름은 그가 커피숍(현재는 휴업 중)을 운영할 때 지은 것이라고 했다. '커피를 마실 때면 크림을 넣거나 설탕을 넣는다(喝咖啡, 放放奶精放放糖)'라는 말에서 '설탕을 넣는다(팡팡탕, 放放糖)'만 따서 가게 이름으로 지었고, 그 이름을 이 가게에 그대로 사용하게 된 것이라고. 이런 뜻 외에도 이곳의 모든 상품은 사람들에게 즐거움(fun)을 주지만, 진정한 즐거움(fun)은 스스로가 만든다는 의미에서 'funfuntown'이라고 부른다고 한다. 팡팡탕의 주인은 손님들이 자신의 가게에서 물건뿐만 아니라 즐거움도 함께 가져가 그들의 생활 속 곳곳에서 즐거움이 묻어나기를 바라는 듯했다.

이 얼마나 멋진 아이디어인가! 이상적인 삶이란 상상력을 통해 실현되는 것이고, 이것을 실천해내는 과정이야말로 진정한 즐거움이라고 할 수 있다.

INFO

☐ 臺北市松山區富錦街359巷1弄2號

☐ +886-2-2766 5916

☐ 수~일 13:00~20:00 | 월, 화 휴무

☐ http://www.funfuntown.com/

∧ 네덜란드 디자이너 토르트 본체
    (Tord Boontje)가 숲과 동물을 모
    티브로 해서 만든 컬러풀한 색감
    의 펜던트 조명등

∨ 일본 생활용품 KAMI의 종잇장처
    럼 얇은 목제 머그잔

2

3, co

×

생활의 미학을 실천하는 공간

3, co 모던 도자기 인테리어숍을 맞닥뜨리게 된 것은 정말 뜻밖의 수확이었다. 원래 푸진제에서는 팡팡탕과 두얼 커피숍만 둘러볼 예정이었지만, 우연히 독특한 분위기를 풍기는 이 가게를 발견하고는 곧바로 여행 일정을 수정했다. 이곳을 놓치면 엄청 후회할 것 같은 생각이 들어서였다. 물론 일정상 시간이 빠듯했지만 솟구치는 호기심을 억누르지 못하고 나도 모르게 가게 문을 열고 들어가게 되었다.

길 안쪽으로 들어서 지은 건물 앞에는 한두 평 남짓한 공간이 있었는데, 아마 여백의 미를 중시한 가게 주인의 인테리어 철학이 반영된 것 같았다. 주변 건물보다 살짝 높게 지어진 지면에 계단을 만들어 건물 앞 공간이 내부로 쭉 이어지는 듯한 느낌을 주었다. 그리고 건물 외관의 벽면과 지면은 차분한 그레이톤의 자갈 타일로 장식했고, 건물 프레임은 다양한 크기의 주철로 마감 처리를 해놓았다. 탁 트인 쇼윈도의 대형 통유리창은 심플함과 모던함이 동시에 묻어났다. 프레임의 왼쪽 위에는 하얀색의 '3, co' 로고가 달려 있었고, 가게 입구 앞 세움 간판에는 3, co Café의 당일 판매 메뉴가 적혀 있었다. 맛있는 음식으로 손님을 가게 안으로 끌어들이려는 의도인 것 같았다. 가게의 인테리어가 주변과는 조금 다르게 보였지만 이질감은 전혀 느껴지지 않았다. 오히려 주변에 듬성듬성 자라난 담쟁이덩굴이 건물과 조화를 이루어 사람들의 이목을 집중시키고 있었다.

차분함이 느껴지는 매장 내부에는 구역별로 다른 종류의 도자기가 진열되어

있었다. 몇몇 구역은 믹스매치 스타일로 꾸며졌지만, 매장 전체의 소박한 분위기는 어그러뜨리지 않았다. 오히려 구석구석에서 생기가 넘쳐흘러 편안한 가정집 느낌이 들었다. 매장 내부는 꽤 넓어서 자연광이 미치지 않는 안쪽 구석에는 조명을 달아 주변을 밝게 만들었다. 그리고 천장에는 자연조명 역할을 하는 하늘창을 달아놓아 하늘에서 뚫고 내려온 햇빛이 매장 안 울퉁불퉁한 석회벽을 비추었다. 매장에 들어온 지 몇 분이 채 지나지 않았지만, 나는 벌써 이곳의 분위기에 압도당하고 말았다.

가게 주인 캐시(Kathy)의 말에 따르면, 내부 인테리어는 그녀가 베를린에 거주할 당시 가장 유행했던 인테리어 스타일을 본떠서 꾸민 것이라고 한다. 바로 '꾸미지 않은 듯한 인테리어'였다. 그 시절 베를린에서는 벽면에 남은 총알조차 그대로 남겨둔 채로 인테리어를 했다고 한다. 3, co도 심하게 낡아서 쓸 수 없는 것만 걷어내고 원래의 모습을 그대로 살린 인테리어를 지향했다.

내부에 진열된 도자기 그릇들을 찬찬히 살펴보니 동서양의 스타일이 절묘하게 조화를 이룬 디자인이었다. 절제된 선(禪)의 미학을 살린 동양의 기풍에 실용주의를 강조한 서양의 스타일을 가미시킨 듯했다. 소박한 느낌이 나는 꽃병, 찻잔, 식기 등은 톤 다운된 흙빛을 띠고 있거나 유약을 입히지 않아 도자기 자체의 미백색을 그대로 유지하고 있었다. 또 어떤 것은 표면을 모래알처럼 처리해서 흑갈색 토양의 거친 느낌을 그대로 표현했다. 간혹 레드와 블루 계열의 그릇도 있었지만, 차분하게 톤 다운된 색감이어서 전혀 두드러져 보이지 않았다.

3, co의 도자기 디자인을 보면 처음에는 너무 단순하다는 느낌이 들 것이다. 하지만 두세 번 보다 보면 단순한 라인 속에서 자연스러운 리듬을 발견하게 된다. Kathy는 3, co의 디자인에 대해 이렇게 설명했다. "우리는 자연을 모티브로 삼아

〈 매장 한쪽에 진열된 달 모양의 찻잔 세트.
   달이 차고 기우는 것을 모티브로 해서 다
   양한 기하학적 디자인을 만들어냈다.

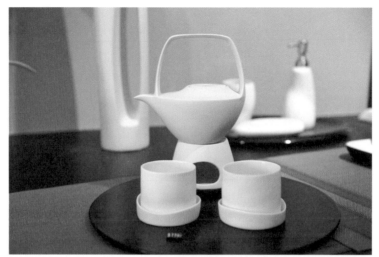

∧ 출렁이는 물결 형상을 디자인화한
　　찻잔 세트

∨ 물결무늬와 달 모양을 조합해서
　　만든 찻잔 세트

그 속에서 사람들이 가장 원하는 디자인을 뽑아냈어요. 여러 번의 시행착오를 거쳐 최종적으로 내추럴한 형태의 라인을 탄생시킨 거죠." 디자이너 루정위(陸正宇)가 디자인한 물결무늬 식기 세트가 그 대표적인 예라고 할 수 있다. 그는 잔잔한 물결을 본떠 디자인한 다양한 크기의 도자기 접시를 크기순으로 차곡차곡 포개서 요동치는 물결처럼 보이게 했다.

　손님이 뜸해져 잠시 한가해진 시간을 틈타 점원과 이런저런 이야기를 나누게 되었다. 점원의 말에 따르면, '3, co'라는 이름은 《도덕경(道德經)》에 나오는 '삼(三)은 만물을 이룬다'라는 철학사상에서 유래된 것이라고 한다. 즉, '3'은 '예술, 디자인, 생활'을 상징하고, 'co'는 '결합'을 나타내는데, 간단하게 말해서 '3, co'는 '예술, 디자인, 생활을 연결하고 아우르는 메신저 역할을 한다'는 뜻이다.

　3, co는 10여 년 전 해외에서 먼저 설립된 후, 몇 년이 지나고 나서야 타이완으로 브랜드를 들여올 수 있었다. 2003년에 먼저 유럽에서 판로를 개척하고, 2007년에 비로소 타이완 1호점을 개설하게 된 것이다. 10여 년 전 대부분 사업가는 OEM 방식으로 운영하는 것을 선호했지만 3, co의 설립자인 Kathy는 자신만의

브랜드를 만들겠다는 고집을 꺾지 않았다. 하지만 당시 타이완은 라이프스타일 용품에 대한 소비자들의 수요가 많지 않았기 때문에 오히려 동양문화에 높은 관심을 보이는 유럽시장으로 먼저 눈을 돌렸다고 한다. 결과적으로 3, co는 유럽시장 진출에 성공하면서 '작품 속에 영혼이 깃들어 있다'는 수준 높은 평가까지 받게 되었다.

나는 이 가게의 경영 철학이 무척 마음에 들었다. 다른 도자기 가게에 가면 진열대에 물건을 잔뜩 늘어놓고, 구석구석에 '만지지 마세요!' 혹은 '파손 시 배상을 요구함'이라는 문구를 붙여두어서 구경도 하기 전에 주눅이 들어버리곤 했다. 가까이서 만져보고 싶은 물건이 있어도 혹여나 깨질까 봐 두려워 손도 대지 못하는 경우도 있었다. 어떻게 해야 가게를 방문하는 손님들이 마음 놓고 물건을 사용해볼 수 있을까? 박물관처럼 감상만 하는 추상적인 미학 공간에서 벗어나 일상 생활 속에 접목할 방법은 없을까? 3, co는 이 점에 있어서 남들이 생각하지 못한 기발한 아이디어를 생각해냈다. 매장 뒤쪽에 예술과 생활을 접목한 복합형 커피숍 3, co Café를 만든 것이다. 조용한 다이닝룸 분위기가 나는 3, co Café의 식기와 장식품은 모두 3, co의 디자이너가 직접 만든 것이라고 한다. 커피를 마시면서 마음에 드는 커피잔을 직접 사용해본다면 도자기의 매력을 한층 더 깊이 느낄 수 있을 것이다.

지금 당신이 들고 있는 물건이 조금 밋밋해 보일지라도 그것은 디자이너가 심혈을 기울여 만든 작품일 것이다. 당신이 고른 물건이 행여나 미슐랭 3스타급 셰프의 레스토랑에서 사용하는 그릇일지 누가 알겠는가!

INFO

☐ 臺北市松山區富錦街377號1樓

☐ +886-2-8787 5271

☐ 월~일 11:00~19:30

☐ https://www.3co.com.tw/

3

푸진수

富錦樹, Fujin Tree

×

멋진 삶을 위한 일상 제안

Beher 성훠추팡(生活廚房) 앞에 놓인 나무 계단에 앉아 시원한 여지(荔枝) 맛 캔 맥주를 한 모금 들이켜고는 나뭇잎 사이로 부는 실바람에 더위를 식히고 있을 때였다. 갑자기 길 건너편에 있는 잡화점 하나가 눈에 들어왔다. 가게 앞 널찍한 공간에는 각종 드라이플라워를 파는 미니 부스가 설치되어 있었는데, 여닫이창이 달린 미니 부스는 나무 재질로 만들어져 콘크리트 질감의 바닥재와 묘한 조화를

이루었다. 멀리서 바라만 봐도 운치가 절로 느껴지는 이 잡화점이 바로 소문으로만 듣던 푸진수 355였다.

매장 안으로 들어서니 커다란 통유리창으로 눈부신 햇살이 쏟아져 들어오는 것이 보였다. 이곳은 물건을 진열할 때도 자연적 요소를 많이 가미한 것 같았다. 나무 재질로 된 바닥과 내부 집기에서 일본 분위기가 느껴졌고, 구석에 놓인 오래된 나무상자나 탁자 위에 놓인 꽃병에 드라이플라워를 장식해서 산뜻하고 쾌적한 느낌을 주었다.

매장에 있는 예쁜 니트 목도리, 심플한 도자기 그릇, 몽환적인 느낌을 주는 동산 모양 캔들, 자수와 비즈로 장식된 캐릭터 스탬프, 면 리넨 소재의 얇은 창산(長衫)* 등은 각각 의류와 생활잡화 구역으로 나뉘어 진열되어 있었다. 세심하게 분류해서 진열해놓은 상품들을 보니 주인의 꼼꼼한 성격이 그대로 드러나는 듯했다.

푸진수 355의 안주인인 미도리(Midori)는 두 아이의 엄마로, 일본에서 살다가 몇 년 전 남편 제이(Jay)를 따라 타이완에 와서 살게 되었다고 한다. Jay는 오랫동안 일본에서 아등바등 일만 하고 살다가 결국 타이완으로 돌아갈 결심을 했고, 타이완의 이곳저곳을 돌아보다가 아름다운 나무들이 가득한 이곳 푸진제를 발견하게 되었다고 한다. 그래서 이곳에서 푸진수 355를 열고 '푸진수'라는 브랜드도 만들게 되었다고.

편집숍 형태인 푸진수 355의 매장 관리를 맡은 Midori는 일본 여성 특유의 섬세한 시각으로 타이완과 일본에서 각종 의류와 잡화를 선별해왔다. 그녀는 푸진수에 대해 다음과 같이 말했다. "푸진수는 일종의 무대에요. 제가 직접 타이완 곳곳을 발품 팔아 돌아다니며 구해온 물건들을 이곳에서 선보이는 거죠." Midori는 타이완에 온 이후로 기존에 자신이 사용했거나 좋아하던 브랜드를 일본에서 직접 공수해왔다. 여기서 그치지 않고 끊임없이 타이완 현지 디자인 명물을 찾아다니며 수집하기도 했다. 특히 타이완의 젊은 유리공예가 린징룽(林靖蓉)이 글라스 블로잉 기법으로 만든 유리컵이나 잉거(鶯歌) 도자기 거리에 있는 리징야오(立晶

* 중국 사람이 입는 긴 적삼 형태의 옷

33

窯)의 식기들도 이곳에서 구경할 수 있다.

　1년 만에 다시 푸진제에 오니 푸진수가 새로 개업한 가구 인테리어 편집숍 푸진수 352도 만나볼 수 있었다. 예전에 이곳은 'Journal standard Furniture'라는 이름으로 영업했던 것으로 기억한다. 가즈(Kaz)라고 불리는 잘생긴 점원이 이곳은 푸진수와 일본 브랜드 Journal standard Furniture가 합작해서 만든 팝업스토어(Pop-up Store)라고 살짝 귀띔해줬다. 팝업스토어란 6개월 정도의 기간을 정해놓고 영업하다가 평가가 좋으면 계속해서 운영하는 가게를 말한다.

　잠시 반짝하는 게릴라성 숍이긴 하지만, 매장 인테리어나 상품 진열에 있어 부족함이 전혀 없었다. 오히려 기대 이상의 만족감을 안겨주었다. 가게 내부는 푸진수 355처럼 드라이플라워로 장식되어 있었고, 다양한 초록빛 식물이 함께 어우러져 싱그러움을 더했다. 이런 식물들을 매장 구석구석뿐만 아니라 천장에도 매달아두어 손님들에게 힐링할 수 있는 공간을 제공해주었다.

　출입구에 있는 진열대에는 위쪽뿐만 아니라 아래쪽에도 다양한 물건이 진열

되어 있었다. 컵과 앞치마부터 샤워젤이나 수납 박스까지 없는 게 없을 정도였다. 그리고 하얀 벽면에 만화 일러스트가 그려진 매트 2개를 믹스매치해 걸어두었는데 참신한 아이디어가 돋보였다. 반대편에는 레트로풍 가죽 소파와 원목 테이블 그리고 컬러풀한 쿠션으로 장식된 미니 리빙룸이 있었다. 고목으로 짜 맞춰진 티 테이블은 원목의 색과 결이 그대로 유지되어 있었고, 심지어 가까이 다가가니 나무 향기가 살짝 맡아졌다. 각종 테이블이 오밀조밀하게 모여 있는 공간은 사무 구역으로도 사용되고 있었다.

갑자기 매장 한쪽 공중에 매달려 있는 화려한 색감의 커다란 패브릭백이 눈에 띄었다. Kaz의 말에 따르면, 이것은 패브릭백이 아니라 고리가 달린 휴대용 쿠션이라고 한다. 쿠션 위쪽 부분은 일본 방직업체인 Nowartt에서 디자인한 것으로 일본 전통 디자인과 모던 아트를 결합해서 만든 작품이었다. 게다가 오가닉 면 100%로 만든 제품이라서 손님들이 더욱 선호한다고 한다.

푸진제는 밤이 되면 거리에 오가는 사람이 뜸해진다. 하지만 Kaz는 손님이 있든 없든 상관하지 않고 매장 이곳저곳을 다니며 열심히 물건을 정리했다. 내가 이상한 질문을 쉴 새 없이 해대도 전혀 귀찮아하지 않고 답해주었고, 매장 물건에 대한 지식도 해박해 놀라울 따름이었다. 나는 매장을 다 둘러보고 Kaz와 마주 앉아서 잠시 담소를 나누었다. 그는 전에 일본에서 공부했고, 귀국한 후 우연한 기회에 푸진수 그룹에 입사하게 되었다고 한다. 비록 몇 달밖에 몸담고 있지 않았지만 그는 이 일에 대해 무한한 애정을 드러냈다.

푸진수 352를 떠나온 그날 저녁, Kaz가 내게 메일 한 통을 보내왔다. 메일에는 이런 내용이 있었다. "안녕하세요, Kaz예요. 당신에게 보여주고 싶은 동영상이 있어서 메일로 보내요. 동영상을 보면 푸진수를 더 잘 이해할 수 있을 거예요. 방문해주셔서 감사드리며, 하는 일이 모두 다 잘 되길 바랄게요."

동영상에는 푸진수의 설립자인 Jay가 그룹의 발전과 비전에 대해 말한 내용이 담겨 있었다. "예전에 제가 진로를 고민할 때 일상생활과 관련된 모든 것, 예를 들어 집, 옷, 음식, 일, 오락 등은 우리의 삶과 떼려야 뗄 수 없는 관계에 있다고 생각했습니다. 이런 생각에서 지금의 푸진수가 탄생하게 되었죠. 자신이 하고자

하는 일은 좋아하는 것에서부터 비롯됩니다. 만약 지금 하는 일이 즐겁지 않다면 아마도 그건 좋아하는 일이 아닐 겁니다. 일도 제대로 하지 못할 테고요. 브랜드의 발전은 '사람'에서부터 출발합니다. 저는 모든 직원이 일과 생활의 균형을 맞춰 즐겁게 살아가기를 바랍니다. 이런 사람들만 있으면 푸진수는 무한한 발전을 할 수 있기 때문입니다."

푸진수는 짧은 시간 동안 다양한 분야의 사업을 발전시켰다. 라이프스타일숍 푸진수 355, 가구 인테리어숍 푸진수 352, 문화와 자연을 융합한 커피숍 푸신수 353 Café, 퓨전 레스토랑 쑤진수 타이차이샹빈(臺菜香檳, Taiwanese Cuisine&Champagne)이 바로 그것이다. 그뿐만 아니라 자연의 숨결을 느낄 수 있는 마사지숍 무뤼선훠(沐綠身活, Relaxing Trip)도 설립해서 푸진수만의 다양한 라이프스타일을 제안하고 있다.

INFO
푸진수 355

□ 臺北市松山區富錦街355號

□ +886-2-2765 2705

□ 월~금 12:00~20:30 ┃ 토, 일 11:30~20:30

□ http://www.fujintree355.com/

——

푸진수 352

□ 臺北市松山區富錦街352號

□ +886-2-2767 5196

□ 월~금 12:00~20:30 ┃ 토, 일 11:30~20:30

de'A

×

커피 향이 스며 있는 다이짜이(袋仔) 잡화점

지하철을 타고 민성둥루(民生東路)에 도착한 시간이 하필이면 퇴근 시간대였다. 귓가를 자극하는 시끌벅적한 소음을 뒤로하고 민성서취(民生社區)에 있는 좁은 골목으로 들어서니, 타이완에서 가장 맛있다고 소문난 민성 차오판(炒飯)* 가게가 보였다. 예상대로 줄이 끝도 없이 길게 늘어서 있었다. 이곳에서 한 블록 떨

* 볶음밥

어진 곳에 있는 푸진제는 마치 도심 속 산사처럼 매우 한적해 보였다. 마음이 심란하고 머리가 복잡할 때 이곳에 와서 거닐면 몸과 마음이 깨끗하게 정화될 것만 같았다.

1년 만에 다시 찾은 푸진제였다. 그동안 어떤 라이프스타일숍이 생겼을까 하는 기대감에 잔뜩 설레기 시작했다. 두근거리는 마음으로 몇 걸음 떼자마자 어떤 가게 앞에 놓인 사불상(四不像)* 철제 조형물이 눈에 띄었다. 몸통은 녹색식물로 덮여 있었고, 가늘고 긴 다리와 기이하게 생긴 머리 부분의 철제만 드러나 있었다. 흰 벽돌 벽에는 'de' A'라고 쓰인 입체 레터링 간판이 붙어 있었는데 아마도 불어인 것 같았다. 쇼윈도 유리창을 통해 안쪽을 들여다보니 가방과 잡화들이 잔뜩 진열되어 있었고, 한쪽에서는 커피를 판매하고 있었다.

매장 내부는 제법 넓었는데, 한쪽에 놓인 기다란 바(Bar) 테이블이 공간을 구분해주고 있었다. 바 테이블의 왼쪽은 가방과 잡화를 판매하는 공간으로 맞춤 제작된 원목 진열장이 벽면 전체를 차지하고 있고, 진열장 안을 가득 채운 여러 종류의 가방은 자신만의 스타일을 뽐내고 있는 듯했다. 바 테이블과 진열장 사이에 놓인 이동식 테이블 위에는 각종 가방과 디자인 생활용품들이 가지런히 놓여 있었다. 바 테이블의 오른쪽에는 편안하게 앉아서 커피를 마실 수 있는 공간이 있었는데, 탁 트인 공간의 벽면에 화이트와 블랙톤의 모던한 액자 한 세트가 걸려 있었다. 매장의 전체적인 분위기는 심플한 미국 스타일에 깔끔한 일본 스타일을 접목한 듯했다.

가게 주인은 나라 요시모토(奈良美智, Nara Yoshitomo)**와 미피(Miffy)***의 열성 팬이라고 한다. 그래서인지 매장 곳곳에는 나라 요시토모가 그린 '뾰로통한 아이'와 '온순한 강아지'의 클래식 포스터가 걸려 있었고, 그림책에서 막 튀어나온 듯한 미피 캐릭터 램프가 여기저기에서 불을 밝히고 있었다. 희뿌연 미피 램프가 뿜어내

---

* 사슴과에 속하는 동물로 머리는 말, 발굽은 소, 몸은 당나귀, 뿔은 사슴과 비슷하지만 네 가지가 모두 같지는 않다고 해서 붙여진 이름이다.
** 일본 아오모리현(青森縣) 히로사키시(弘前市) 출신의 화가이자 팝아트 작가
*** 네덜란드 일러스트레이터인 딕 브루너(Dick Bruna)가 만든 토끼 캐릭터

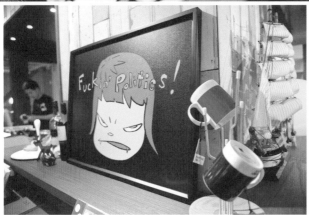

는 따뜻하고 부드러운 불빛이 매장 안에 천진난만한 동심을 불어넣어주는 듯했다.

내가 이곳에 처음 온 걸 눈치챈 점원이 웃으면서 다가와 안내를 해주겠다고 말했다. 기회다 싶어 이곳의 창업 비하인드스토리에 대해 시시콜콜 물어보기 시작했다.

de'A의 후원업체는 민성서취에서 다년간 뿌리를 내리고 있던 디자인 스튜디오라고 한다. 가게 주인 크레이그(Craig)는 실내외 디자인을 주로 하지만, 세계 각국의 다양한 가방 디자인도 수집했다. 그는 네덜란드 암스테르담의 한 커피숍에서 탄생한 남성 가방 브랜드 Property of에서 영감을 얻어 '잡화'와 '커피'를 결합한 de'A를 개업했다고 한다. 가게 이름을 타이완 말로 하면 '다이짜이(袋仔)'가 되는데, 이것은 가방을 뜻한다. 그제야 가게 이름에 이렇게 간단명료한 뜻이 담겨 있다는 것을 알게 되었다.

가방 마니아인 가게 주인 덕분에 매장에는 10여 종이 넘는 가방 브랜드가 갖춰져 있었다. 대부분 시중에서 흔히 볼 수 없는 재질과 디자인으로 만들어져 흠잡을 데 없이 완벽해 보였다. 뉴욕 동부 맨해튼의 Robag에서 만든 노트북 가방은 심플해 보였지만 자세히 들여다보면 부분부분이 매우 정교했다. 독일의 레드 닷 디자인 어워드(Red Dot Design Award)에서 대상을 받은 Dothebag은 오픈 스포츠카를 만들 때 쓰이는 첨단 소재로 만들어져 방풍과 방수가 잘된다고 한다. 비가 자주 오는 타이베이 기후에 잘 맞을 것 같았다. 친환경 디자인을 추구하는 캐나다 브랜드 Matt&Nat은 동물 보호를 위해 가죽 원단을 가방의 소재로 사용하지 않았다. 이 브랜드는 깔끔하고 세련된 디자인으로 대중의 인기를 얻고 있을 뿐만 아니라 환경보호도 함께 실천하고 있다.

메인 브랜드인 Bleu de chauffe는 프랑스의 우아한 분위기가 느껴졌고, 가죽 가방 안쪽에 붙여진 라벨에는 가방 장인의 친필 사인도 새겨져 있었다. 스웨덴 브랜드인 Sandqvist 캔버스 배낭은 마치 북유럽의 한 시골 마을에서 가져온 듯한 느낌이 들었다. 심지어 가방을 보면서 머릿속에서는 배낭을 멘 여행객이 숲속을 헤매는 모습이 떠오르기도 했다.

가장 마음에 든 것은 '돌돌 말린 콧수염 백'이라고 내 멋대로 이름을 붙인 가방이었다. 가방 앞에 박음질해둔 스웨이드 조각이 멀리서 보면 귀여운 콧수염처럼 보여 그렇게 이름을 붙인 것이다. 디자이너의 아이디어가 돋보이는 흔치 않은 스타일이었는데, 점원은 이 가방이 Llagut라는 브랜드라고 알려주었다. 브랜드명은 카탈로니아어로 지중해의 '목조 요트'라는 의미로 2013년에 타이완과 스페인 디자이너가 합작해서 브랜드를 만들었고, 현재 스튜디오는 타이완에 있다고 한다. 비록 전통 있는 가방 브랜드의 디자인에는 미치지 못하지만, 타이완 디자이너의 참신한 아이디어만은 주목할 만했다.

매장 안에는 가방 이외에도 정교하게 만들어진 디자인 소품들이 가득했다. 타이완의 두 프리랜서 디자이너 이치(Ichi)와 한(Han)이 공동으로 설립한 Ichihan은 타이완의 우수한 공예 문화를 이어받은 수공예 브랜드이다. 이 브랜드는 주로 나무로 디자인 소품을 제작하는데, 특히 이곳에서 만든 원목 샤프펜슬은 잘 다듬은 목재로 만들어져 그립감이 매우 좋았다. 심 부분도 황동으로 제작되어 손에 쥐면 묵직한 무게감이 느껴졌다. 비록 가격이 만만치 않았지만, 디자이너가 쏟아낸 정성과 품질에 대한 고집이 고스란히 느껴지는 명물이었다.

이곳에 오는 사람들은 매장 문을 밀고 들어오자마자 소파 한구석에 자리부터 잡고 앉는다. 그러고는 카페라테 한 잔과 특제 과일 와플을 주문해서 느긋하게 여유를 즐기며 먹다가, 어느 정도 쉬었다고 생각하면 매장을 둘러보며 마음에 드는 물건을 고르곤 했다. 잠시 스쳐가는 여행객에 불과한 나로서는 그들이 마냥 부러울 따름이었다.

INFO

□ 臺北市松山區富錦街348號

□ +886-2-2747 7276

□ 일~금 12:00~20:00 | 토 12:00~21:00

5

Age Space

×

시공을 초월한 여행

무더운 여름날 한바탕 쏟아져 내린 소낙비에 바닥은 촉촉이 젖어 있었고 공기 중에는 싱그러운 풀 냄새가 났다. 1년 전 푸진제를 방문했을 때의 모습이 눈앞에 어렴풋이 재현되는 것 같았다. 정오가 되자 따가운 햇볕이 푸진제 양쪽에 늘어선 무성한 나뭇잎을 비추어 바닥에 얼룩덜룩한 나무 그늘을 만들었다. 그러면 푸진 제에 있는 가게들은 거대한 나무 그늘에 덮여 찾기가 쉽지 않았다. 오히려 밤이 되자 무수한 불빛들이 가게의 위치를 알려주어 찾기가 쉬워졌다.

갤러리와 커피숍이 함께 있는 Café Showroom을 나와 주위를 둘러보다가 바로 옆에 있는 가게 문 앞에 BMW와 DKW의 중형 바이크 3대가 놓여 있는 것을 발견했다. 벽돌담을 그대로 드러낸 외벽 인테리어를 보니 와일드한 남성의 기질 이 느껴졌다. 외부에는 바이크와 벽 모퉁이에 걸린 램프 외에는 아무 장식도 없 었다. 인색한(?) 가게 주인은 간판조차 달지 않은 것이다. 주관과 소신이 뚜렷한 이런 가게는 절대 지나치면 안 된다는 것을 직감적으로 느꼈다.

이곳이 바로 세간에 호평이 자자한 Age Space였다. 내부로 들어서자 은은한 클 래식 음악이 흘러나왔고, 빨간 바이크가 멋진 자태를 뽐내며 입구에 세워져 있었 다. 그리고 바이크 뒤쪽에 있는 기둥에는 플라잉디스크처럼 생긴 턴테이블이 걸 려 있었다. 안쪽으로 깊숙이 들어가 보니 곳곳에 구형 라디오, 플레이어, 턴테이 블, 가구, 조명장식과 각종 신기한 잡화들이 잔뜩 놓여 있어서 마치 1960, 70년대

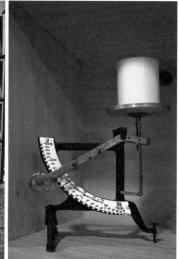

의 유럽에 와 있는 듯한 착각마저 들었다.

왼쪽 진열대에 놓인 10여 대의 구형 라디오는 하나하나가 모두 멋스러워 꼼꼼하게 살펴보지 않을 수 없었다. 라디오의 외관은 반듯하면서도 견고했고, 심플하면서도 우아해 보였다. 또한 섬세한 디자인은 요즘 만들어진 제품처럼 완벽했고, 당시 유행하던 수많은 전자 제품을 능가하는 듯했다. 맞은편에는 검은 철제 선반에 나무상자를 얹어 만든 진열장이 놓여 있었다. 개방형 골동품 진열장처럼 생긴 이곳에는 신기한 골동품들이 저마다의 사연을 숨긴 채 전시되어 있었다.

매장 안에 있던 젊은 두 남성이 나를 보고 반갑게 인사하더니 내가 운이 참 좋다고 말해주었다. 원래 오늘은 휴무로 자신들은 재고조사를 위해 가게에 잠시 들렀을 뿐인데, 생각지도 못하게 내가 방문한 것이라고. 검은 뿔테 안경을 낀 채 순박한 표정을 짓고 있던 제프(Jeff)가 Age Space의 숍매니저이고, 그 옆에 있던 멋진 남자는 그의 오랜 친구라고 한다. 나는 두 사람의 친절한 설명으로 이곳에 있는 골동품의 비하인드스토리를 모두 알게 되었다.

  기둥에 걸려 있던 턴테이블은 1970년에 필립스(Philips)라는 디자이너가 제작
한 것이라고 한다. 그는 당시 네모난 턴테이블이 주류를 이뤘던 천편일률적인 디
자인에서 벗어나 동그란 플라잉디스크 형태의 턴테이블을 만들어냈다. 눈길을
끌었던 빨간 BSA 바이크는 1962년에 제작된 것으로 당시 영국 집배원이 타던
것이라고 한다. 70년은 족히 된 듯한 우편용 저울은 박물관에서나 볼 수 있을 법
한 물건이었지만, 창의적인 디자인을 가미해서 지금도 사용할 수 있는 촛대로 재
탄생시켰다. 이 작품은 '삶이란 모든 것을 양분해서 판단하는 것이 아니므로 자
신만의 가치는 스스로 만들어내야 한다'는 메시지를 전달하기 위해 만든 것이라
고 한다.

  매장 안에 진열된 상품은 라디오, 오디오, 턴테이블이 대부분이었는데, 그중
피아노처럼 생긴 덴마크산 오디오 턴테이블인 B&O Beomaster 1000이 가장 눈
에 띄었다. 나무 재질의 소박함과 금속의 광택이 조화를 이룬 이 턴테이블은 수
많은 애호가가 소장하기를 원하는 희귀한 제품이라고 한다. 진공관라디오의 대
표작은 독일의 Telefunken과 이탈리아의 Europhon에서 만든 벽걸이형 시계 라
디오로 모두 1960, 70년대에 만들어진 클래식한 디자인이었다.

구형 음향기기에 대한 지식이 전혀 없는 나로서는 짧은 시간 내에 이곳에 있는 엄청난 수의 소장품들을 소화해내기란 힘든 일이었다. 하지만 Jeff는 포기하지 않고 진득하게 설명을 이어갔다. 그의 설명에 따르면, 구형 라디오는 진공관라디오와 트랜지스터라디오로 구분되는데, 진공관라디오는 보통 나무 재질로 만들어져 부드럽고 중후한 소리가 난다고 한다. 하지만 70년대 이후부터는 진공관라디오 생산이 중단되고 트랜지스터 시대로 변모하기 시작해서 지금은 진공관라디오를 찾아보기 힘들다고 했다.

진열장 맨 아래 칸에 있는 여행용 가방처럼 생긴 Philips 제품 2개가 나의 궁금증을 불러일으켰다. Jeff가 그중 하나를 꺼내서 열자 검은 레코드판이 보였다. 회전판 위에 톤암(Tone Arm)을 살며시 올려놓으니 잔잔한 음악이 흘러나왔다. 50년도 더 된 휴대용 전축에 건전지만 끼우면 언제든지 음악을 들을 수 있다는 사실이 매우 놀라웠다. 이렇게 오래된 골동품을 지금도 사용할 수 있게 된 것은 모두 Age Space가 세심하게 관리한 덕분이었다.

구형 음향기기들의 관리 방법에 관해 이야기를 나누고 있을 때, 안경을 쓰고 티셔츠를 입은 한 중년 남성이 가게 안으로 들어왔다. Jeff가 그에게 인사하는 소리를 듣고 나서야 그가 이 가게의 주인인 장지민(張吉民, Jimmy) 선생이라는 것을 알게 되었다. 내가 베이징에서 왔다고 하자 그는 추이젠(崔健)*의 CD를 찾아서 내게 보여주었다. 그러면서 추이젠의 음악이야말로 진정한 음악이라고 수줍게 털어놓았다. CD 재킷에 붉은 천으로 두 눈을 가린 추이젠의 사진을 보고 그의 앨범 〈이우쒀유(一無所有)〉라는 것을 알아챘다.

"밤낮을 가리지 않고 북쪽을 향해 마냥 걸었지. 모두가 날 봐주길 바랐지만, 아무도 내가 누구인지 몰랐지……." 추이젠의 우렁찬 노랫소리가 울려 퍼지자 Jimmy의 말문도 함께 터지기 시작했다. 본업이 실내 디자이너였던 그는 음악이야말로 자신의 진정한 소울메이트라고 했다. 20여 년간 줄곧 음악 속에 빠져 살았고 7, 8년 전부터는 1950~70년대의 라디오나 턴테이블을 수집하고 다녔다고

* 중국 로큰롤의 아버지

한다. 그 시기의 유럽과 미국은 '우주시대'로 막 접어들던 때라서 당시의 제품들은 품질과 디자인이 모두 우수했다. 게다가 공예품처럼 정성껏 디자인된 몇몇 제품은 시간이 지났음에도 변함없이 사랑을 받고 있었다. 'Age Space'라는 가게 이름도 그 당시의 디자인과 소리를 영원히 기록하자는 의미에서 지은 것이라고 한다.

Age Space의 문을 밀고 나올 때까지도 추이젠의 노래는 쩌렁쩌렁하게 울려 퍼지고 있었다. 추억을 품고 있는 이곳의 골동품들은 우리를 순수한 아름다움을 간직한 시절로 되돌아갈 수 있게 해주었다. 가게를 나와 어둑한 푸진제의 밤 풍경을 바라보니 마치 시공을 초월한 여행을 막 마치고 현실 세계로 돌아온 듯한 흥분감과 아련함이 밀려왔다.

INFO

☐ 臺北市松山區新東街51巷15號

☐ +886-2-2767 2686

☐ 월, 수, 목, 토, 일 13:30~21:30

Woolloomooloo

아리송한 이름을 간판으로 내건 이곳은 호주에 사는 타이완 건축가 지미 (Jimmy)가 개업한 커피숍이다. 'Woolloomooloo'는 호주에 있는 항구 이름으로 '물의 근원'이라는 뜻이다.

외벽 곳곳에 창을 만들어놓아 바깥에 있는 나무의 싱그러운 초록빛이 내부까지 스며들어오는 커피숍이었다. 탁 트인 개방형 공간에는 십여 명이 한꺼번에 앉을 수 있는 커다란 티 테이블이 놓여 있는데, 다 같이 둘러앉아 대화할 수 있는 공간을 만들기 위한 가게 주인의 아이디어인 것 같았다. 바 테이블에는 단발머리를 한 두 명의 여성이 쾌활하게 담소를 나누며 커피를 마시고 있었다. 이곳은 복잡한 일상에서 벗어나 잠시 느긋하게 쉬며 대화를 나누기에 적합한 장소인 듯했다.

창가 쪽에 자리 잡고 앉아 커피를 주문하면 호주에서 특별히 공수한 커피가 잔에 가득 채워져 나온다. 특히 이곳의 텀블러는 색감이 예뻐서 사람들이 앞다투어 살 정도로 인기가 많다.

□ 臺北市松山區富錦街 95號
□ +886-2-2546 8318

야오웨얼 레스토랑 邀月兒餐廳, Lunar Bistro

야오웨얼 레스토랑은 야오웨(邀月) 와인 주점을 경영하는 대니얼(Daniel)이 40년 된 가옥을 개조해서 만든 프랑스식 레스토랑이다. 프랑스 코르동 블뢰(Le Cordon Bleu)의 셰프를 초빙해 타이완 현지 식재료를 활용한 퓨전 메뉴를 개발해서 판매하고 있다. 그뿐만 아니라 새로운 메뉴도 자주 선보여 이곳을 찾는 단골들이 끊이지 않고 있다.

⊔ 臺北市松山區富錦街405號
▯ +886-2-2766 8188

Café Showroom

Café Showroom은 갤러리이자 커피숍이다. 예술과 음식이 조화롭게 어우러진 곳으로 '예술이 곧 생활이다'라는 철학을 실천하기 위해 개업했다고 한다.

미니멀리즘을 지향하고 있는 이곳은 간판도 심플하게 입구 통유리창에만 글자로 써놓았다. 내부도 블랙과 화이트 그리고 우드톤으로만 장식해서 깔끔하고 세련된 분위기를 연출하고 있으며, 커피를 마시는 공간의 넓고 흰 벽면에는 모던한 예술작품이 군데군데 걸려 있다. 타이완의 신예 아티스트들을 위한 작은 갤러리로도 운영되고 있어 커피를 마신 후 작품을 둘러보는 것도 좋을 것이다.

□ 臺北市松山區富錦街462號
□ +886-2-2760 1155

#	Shop+
❶ 팡팡탕	❶ Woolloomooloo
❷ 3, co	❷ 야오웨얼 레스토랑
❸ 푸진수	❸ Café Showroom
❹ de'A	
❺ Age Space	

❶ **Beher 성휘추팡** Beher 生活廚房, Beher Kitchen

광고 일을 했던 비허(碧鶴)는 음식을 좋아하는 순수한 마음으로 요리 교실 형태의 이 가게를 열었다고 한다. 조용한 푸진제에 'Beher'라는 간판을 걸고 개업한 이래 줄곧 초심 그대로 열심히 음식을 만들어 사람들에게 제공하고 있다.

☐ 臺北市松山區富錦街354號
☐ +886-2-2765 2646

❷ **샤오푸뤄왕쓰** 小普羅旺斯, Petite Provence

프랑스 시골 마을을 옮겨놓은 듯한 인테리어 소품숍이다. 이곳에는 수수한 색감의 리넨 제품, 소박하고 내추럴한 느낌의 도자기 그릇, 향이 좋은 프랑스 향수, 정교하고 우아한 인테리어 소품 등이 두루 갖춰져 있다.

☐ 臺北市松山區富錦街447號
☐ +886-2-2768 1618

❸ **르광다다오 푸진추팡** 日光大道富錦廚坊, SOLAR Kitchen

손님들에게 집밥을 대접하는 마음으로 웰빙 슬로푸드를 만들고 있는 베이커리 레스토랑이다. 타이완 현지 농산물로 만든 유럽풍 요리와 철마다 다양한 계절 요리를 선보이고 있다. 가장 신선한 식재료로 건강한 맛을 만들어내는 레스토랑이라고 할 수 있다.

☐ 臺北市松山區富錦街421號
☐ +886-2-2767 6211

④ 하구샤오관 哈古小館, Au Petit Cochon

호주 코르동 블뢰 출신의 셰프가 개업한 시골풍 프랑스 요리 레스토랑이다. 편안한 분위기의 이곳은 늘 풍미 있는 요리를 선보여 많은 미식가의 마음을 사로잡고 있다.

   ☐ 臺北市松山區富錦街469號
   ☐ +886-2-2767 8483

⑤ 류딩무 커피숍 六丁目 Café

클래식한 분위기의 커피숍을 좋아하는 가게 주인은 타이완에서 커피숍을 열고 싶어한 일본 친구를 위해 일본 분위기가 물씬 풍기는 이 가게를 열게 되었다고 한다.

   ☐ 臺北市松山區新中街6巷7號
   ☐ +886-2-2761 5510

⑥ 민성 차오판 民生炒飯

타이완에서 제일이라고 평가받는 볶음밥 전문점이다. 겉모습은 초라해 보이지만 이곳은 볶음밥을 맛보기 위해 찾아온 사람들로 늘 북적인다.

   ☐ 臺北市松山區民生東路5段27巷巷口
   ☐ +886-2-2763 5576

다퉁취

·

디화제

100년 전 단수이강(淡水河)의 다다오청(大稻埕) 선착장에는 상선(商船)이 구름처럼 모여들어 늘 북적였다. 덕분에 지리적으로 가까운 곳에 위치한 디화제는 타이베이에서 손꼽히는 번화가가 되었다. 그로부터 100년 후, 다다오청 선착장은 일몰을 감상하는 관광지가 되었고 디화제는 여전히 상업지역으로서 명맥을 유지하고 있었다. 남북 각 지역의 특산품, 찻잎, 한약재, 포목 등이 모두 디화제로 집결했고 거리에서는 오랜 역사의 정취가 묻어나는 민난(閩南) 전통양식과 바로크양식의 건물들을 볼 수 있다.

얼마 전 디화제의 낡은 공간을 리모델링하려는 움직임이 나타나면서 창의적인 문화의 에너지가 이 거리로 속속 유입되기 시작했다. 곳곳에 원창 상점, 예술 공연장, 문화거리주택(街屋, Street House) 상점 등이 끊임없이 생겨났고, 타이완 각지의 참신한 브랜드도 이곳에 진출하여 100년의 역사를 지닌 디화제에 활기가 넘쳐흐르고 있다.

세월의 흔적이 깃든 디화제의 건물을 감상하며 걷다 보면 발걸음이 저절로 더뎌질 것이다. 오래된 건물 속에 자리 잡은 디자이너숍의 외관은 주변의 낡은 건물들과 별반 다를 바 없어 보였다. 그것은 가게 주인들이 주변과 조화를 이루는 인테리어를 추구했기 때문이다. 이는 디화제에 대한 존경심과 애정을 표현한 것으로 이들의 노력으로 인해 거리의 분위기가 한층 더 따뜻해진 것 같았다.

1

민이청

民藝埕

×

100년 고택에 어린 민간예술의 미학

민이청의 입구는 그리 크지 않았다. 아마 문 앞에 놓인 포스터를 보지 못했다면 그냥 지나쳤을지도 모른다. 포스터에는 흰 바탕에 검은 글씨로 '100년 민간예술과 모던 디자인'이라고 쓰여 있었다. 매장 안으로 들어서자마자 온몸에 엔도르핀이 돌기 시작했다. 운 좋게도 그날 포스터에 적힌 대로 일본 민간예술 작품전이 열리고 있었기 때문이다. 일본 디자인계의 거장 야나기 소리(柳宗理, Yanagi Sori)의 작품을 눈앞에서 볼 기회가 생긴 것이다.

야나기 소리는 미(美)를 기초로 해서 민간예술이론을 정립한 일본의 민간예술가 야나기 무네요시(柳宗悦, Yanagi Muneyoshi)의 아들이다. 야나기 무네요시는 민간예술에 관해 "민간예술은 수공예를 말한다. 자유로운 수작업을 통해 상상할 수 없는 아름다움을 탄생시킬 수 있다. 어떠한 정밀한 기계도 수작업을 능가할 수 없고, 인간의 손이야말로 자연이 준 최상의 작업 도구이다"라고 말한 적이 있다. 야나기 소리는 '모든 민간예술은 수작업에서 시작된다'는 부친의 정신을 계승해 생활용품을 디자인할 때 직접 손으로 제작하는 방식을 고수하고 있다.

이곳에 진열된 도자기 세트는 윤이 날 정도로 표면이 매끄러웠고, 도자기의 하얀 색감이 깨끗하고 차분해 고풍스러운 분위기를 연출했다. 검은 자작나무 손잡이가 달린 스테인리스 식기류는 묵직하면서도 심플해 보였고, 자작나무 손잡이와 스테인리스 부분이 마치 하나처럼 자연스럽게 이어져 있었다. 그리고 칼, 포

크, 숟가락 등의 식기는 쓰임새에 따라 라인과 디자인에 미묘한 변화를 주었다. 하지만 이것은 수공예 장인이 만든 물건의 표면적인 아름다움에 불과하다. 물건의 진정한 아름다움을 알기 위해서는 직접 사용해보아야만 한다.

민이청이 있는 이 고택은 디화제의 전통적인 삼진옥(三進屋)* 건축양식을 완벽하게 유지하고 있었다. 일진옥(一進屋)과 이진옥(二進屋)은 각각 타오이(陶一)와 타오얼(陶二)로 불렸다. 타오이진(陶一進)에는 주로 일본 민간예술 작품들이 전시되어 있었고, 타오얼진(陶二進)에는 타이완 현지 공예품 브랜드인 타이커란(臺客藍)의 작품들이 대부분을 차지하고 있었다.

이진옥에 들어서자마자 테이블 위에 놓인 샤오룽바오(小籠包)** 모양의 조미료 단지들이 눈에 띄었다. 실제 샤오룽바오처럼 대나무 찜통에 가득 담아두어서 멀리서 보니 갓 쪄낸 만두를 식탁에 올려놓은 것처럼 보였다. 이 조미료 단지는 후추통, 소금통, 간장통, 고춧가루통, 생강가루통으로 나누어져 있고, 뚜껑에는 만두 주름이 잡혀 있다. 기품과 아름다움을 두루 갖춘 이 작품에서 타이완만의 독특한 멋이 느껴졌다.

샤오룽바오 조미료 단지는 밝은 유백색을 띠는데, 불빛 아래에 있으니 도자기에 윤기가 훨씬 더 감돌았다. 점원의 말에 따르면, 타이커란에서 사용하는 백색 유약은 '설동백(雪桐白)'이라고 부르며 이름에서 알 수 있듯 오동나무 꽃의 눈처럼 희고 고운 색감에서 영감을 얻은 것이라고 한다. 오동나무는 타이완의 먀오리(苗栗)와 신주(新竹) 일대의 커자(客家) 마을에서 많이 자란다. 봄에서 여름으로 넘어가는 시기에 새하얀 오동나무 꽃이 만개하고, 꽃이 질 때면 눈처럼 오동나무 꽃이 바람에 여기저기 흩날리는 풍경을 볼 수 있다. 커자 마을 사람들은 매년 오동나무 꽃 축제를 열어 하늘과 땅 그리고 자연을 숭배하는 전통을 계속 이어오고 있다.

테이블 위에 놓인 설동 접시는 마치 오동나무의 새하얀 꽃잎 다섯 조각이 그

---

* 중국의 전통적인 주택 구조로 3개의 문과 천정(天井, 건물의 안채와 바깥채 사이의 작은 뜰)을 거쳐서 들어가는 구조이다.
** 작은 대나무 찜통인 샤오룽(小籠)에 쪄낸 중국식 만두

∧   타이커란에서 만든 설동등(雪桐燈)으로
불을 켜면 오동나무 꽃문양이 내비친다.

롯으로 변해서 나타난 듯했다. 이것 역시 타이커란에서 디자인한 클래식한 스타일의 그릇이다. 모양은 오목한 꽃잎 혹은 호수 위에 떠 있는 조각배처럼 생겼고 접시 표면에는 줄무늬가 있다. 이 접시는 하나씩 그릇으로 사용해도 되지만 5개를 한데 모으면 오동나무 꽃잎처럼 보여 장식용으로도 좋을 것 같았다.

샤오룽바오 조미료 단지, 설동 접시, 차예단(茶葉蛋)* 모양 차 단지, 진과(金瓜)** 모양 주전자, 타이완 전통 가오빙(糕餠)*** 모양의 작은 곽 등은 모두 타이완 현지 사물에서 영감을 얻어 디자인되었고 실용적이어서 사람들에게 인기가 많았다.

* 찻잎, 오향, 간장을 넣고 삶은 달걀
** 호박의 일종
*** 케이크, 과자, 빵, 떡의 총칭

타이커란의 브랜드명은 커자의 전통 의상인 란부산(藍布衫)*에서 유래되었고, 핑둥(屏東)** 지역의 커자 도예가 샤오리잉(蕭立應) 선생이 디자인에 대한 총책임을 맡고 있다. 2008년 타이커란이 창립된 이후로 다양한 분야에서 타이완 디자인 대상을 수상하기도 했다.

민이청 1층의 삼진옥에는 '뤄(洛)'라는 이름의 카페식 주점이 있었다. 잠시 둘러보고 갈 생각으로 입구까지 갔지만 뜻밖에도 문 앞에 '금일 휴업'이라는 메모가 붙어 있었다. 힘들게 와서 구경도 못 한다고 생각하니 아쉬웠지만 체념하고 돌아갈 수밖에 없었다.

민이청에 대해 좀 더 궁금한 것이 많았지만, 빠듯한 여행 일정 탓에 이곳에 대한 비하인드스토리를 더 파고들 수는 없었다. 나중에 베이징으로 돌아온 후 디화제를 소개한 글을 읽고 민이청이 스다이췬(世代群, Sedai Group)의 기획으로 만들어진 것을 알게 되었다. 스다이췬의 대표 저우이청(周奕成)은 2008년에 동업자와 함께 다다오청으로 진출했다고 한다. 그리고 2011년에는 '다다오청에서 예술을 판매한다'를 설립 취지로 이곳에 문화거리주택 상점인 샤오이청(小藝埕)을 개업했다. 샤오이청은 오랫동안 방치되어 있던 100년 역사의 취천스 다야오팡(屈臣氏大藥房, Watson's Drug Store)을 개조해서 만든 것이다. 1층에는 타이베이 현지 패브릭 브랜드인 인화러(印花樂)와 1920 테마서점(1920主題書店)이 있고, 2층과 3층에는 각각 루궈 커피숍(爐鍋咖啡館)과 공연을 할 수 있는 쓰쥐창(思劇場)이 자리 잡고 있다. 스다이췬은 이후에도 계속해서 디화제 주변에 '민이청'과 '중이청(衆藝埕)' 등 낡은 건물을 개조해서 복합형 문화예술 공간을 만들어냈다.

나는 인터넷에서 저우이청 대표의 강연을 들은 적이 있다. 그는 1920년대의 디화제는 무역이 발전했을 뿐만 아니라 걸출한 인류 문화가 집중되었던 곳이라고 말했다. 그 이후 쇠락의 길을 걸었지만, 그 시절의 모습은 디화제 구석구석에서 여전히 찾아볼 수 있다고 했다. 그가 디화제의 문화거리주택을 선택해서 상점을 만든 이유는 사라졌던 역사의 기(氣)를 모아 화려한 다다오청의 문화를 재현

* 란산(藍衫)이라고도 하며 푸른 적삼 형태의 옷이다.
** 타이완 서남부 가오슝스(高雄市) 동쪽에 있는 도시

하기 위해서였다. 그는 이것을 다다오청의 '신문예(新文藝) 부흥'이라고 불렀다.

두 번째로 민이청을 방문했을 때 일진옥에서는 일본 Nousaku의 주석 용기와 황동 제품을 전시하고 있었다. 살짝 비틀어서 모양을 변형시킨 주석 식기는 이들만의 뛰어난 기술로 만들어진 제품이다. 그리고 타이커란에서 새로 출시한 '시베이타오(喜杯桃)'는 그릇 2개를 마주 붙여서 동그랗게 만든 귀여운 복숭아 모양의 잔이다. 뚜껑처럼 덮인 위에 있는 그릇은 간식거리를 담는 용도로 사용하고, 아래에 있는 그릇은 찻잔으로 사용하면 된다. 심플하고 단아한 스타일을 고수하고 있는 타이커란의 제품은 타이완의 정취를 간직한 민간예술의 아름다움을 표현하고 있었다.

붉은 벽돌 바닥과 흰 벽으로 꾸며진 천정을 지나니 지난번에 왔다가 영업을 하지 않아 들어가지 못했던 뤄 카페식 주점(Le Zinc 洛 Café&Bar)이 나타났다. 안으로 들어가 커피와 크랜베리 케이크를 주문하고 바(Bar)에 앉아 입담 좋은 숍매니저와 얘기를 나누기 시작했다. 어느덧 날은 저물었고, 그제야 디화제의 상점들은

대부분 7시 전에 문을 닫는다는 사실이 생각났다. 샤오이청에 가보지 못할까 봐 걱정하고 있을 때 숍매니저가 나에게 반가운 소식을 하나 알려주었다. 길 건너편이 바로 중이청이라는 것이다. 그의 말대로 문을 열고 나가니 바로 중이청의 간판이 보였다.

옛 타이베이의 추억이 가득한 디화제에는 100년 전의 약방, 찻집, 포목점, 건물점(乾物店)이 몇 대(代)에 걸쳐 전통을 이어오고 있다. 영화 〈다다오청〉의 한 장면이 눈앞에 펼쳐진 것처럼 스다이췬 역시 이 거리를 발전시키기 위해 끊임없이 노력하고 있었다. 스다이췬은 이 오래된 거리에 다양한 매력을 지닌 원촹 상점을 꾸준히 유입해서 타이베이의 변천사를 한눈에 볼 수 있게 만들어낸 것이다.

INFO
민이청

□ 臺北市大同區迪化街1段67號

□ +886-2-2552 1367

□ 월~일 10:00~19:00

———

샤오이청

□ 臺北市大同區迪化街1段32巷1號

□ +886-2-2552 1321

□ 월~금 09:30~19:00

∧ 뤄 카페식 주점

2

모구

蘑菇

×

느린 성장을 통해 즐기는 슬로라이프

    우연히 〈모구수첩(蘑菇手帖)〉 37호에 수록된 '세상에서 가장 환상적인 직업을 가진 사람들'에 대한 글을 읽게 되었다. 그 주인공들은 바로 영화감독, 카페 주인, 여행 전문가로 지금까지 걸어온 자신들의 행보를 잡지 속에 담아놓았다. 〈모구수첩〉은 타이완에서 발행된 원창 문화의 대표적인 독립 간행물이다. 창간 후부터

∧ 모구 중산점

∨ 모구 다다오청점

2015년까지 12년 동안 줄곧 잡지를 발행하였고, 이와 함께 '모구(Mogu)'라는 브랜드도 서서히 발전하게 되었다.

타이완 사람들이 원하는 '심플라이프'를 실천하고 있는 모구는 내가 타이완에 올 때마다 빠뜨리지 않고 꼭 들르는 장소였다. 타이베이에 처음 왔을 때 나는 난징시루(南京西路)에 있는 가장 오래된 모구 중산점(中山店)을 방문했다. 쇼윈도의 통유리창 앞에는 잘 자라난 화초들이 놓여 있었고, 비 내린 직후의 여름밤이어서인지 습한 공기 중에 풀냄새와 흙냄새가 뒤섞여서 맡아졌다. 가게 앞에는 '蘑菇'라는 두 글자가 쓰인 작은 칠판형 간판이 세워져 있었고, 칠판에는 가게 이름 말고도 동글동글하게 생긴 귀여운 버섯이 그려져 있었다. 그리고 2층 창문 위에는 독특한 돼지 코 모양의 네온간판이 불을 밝히고 있었다.

'돼지 코' 디자인은 모구의 상징으로 송로버섯을 채취할 때 돼지를 이용한다는 이야기에서 아이디어를 얻어 만든 것이라고 한다. 돼지의 민감한 후각은 모구의 예리한 관찰력을 상징하고, 귀여운 코는 유머 감각을 나타낸다. 돼지가 사람을 이끌고 송로버섯을 찾듯이 모구가 대중을 선도해서 생활 속 명물을 찾겠다는 의지가 담긴 디자인이다.

넓고 환해 보이는 1층 매장에는 캔버스백, 면 티셔츠, 노트, 엽서 그리고 이곳에서 발행하는 〈모구수첩〉이 가지런히 진열되어 있었고, 2층에는 커피숍과 서점이 자리 잡고 있었다. 매장에 있는 점원들은 각자 자기 일을 하느라 정신이 없어 보였다. 덕분에 가는 곳마다 귀찮게 따라다니며 감시의 눈길을 보내는 점원이 없어서 편하게 내부를 구경할 수 있었다. 다만 한 가지 아쉬웠던 점은 너무 늦게 간 탓에 내부를 자세히 구경하지 못했다는 것이다. 다 둘러보지도 못했는데 영업시간이 끝나버려 아쉽게도 발걸음을 돌려야 했다. 모구와의 첫 만남은 그렇게 급하게 끝나버렸다.

두 번째로 타이베이에 왔을 때는 다다오청에 있는 매장을 방문했다. 다다오청점은 붉은 벽돌담과 나무문으로 외부를 장식해서 디화제의 분위기와 잘 어울렸다. 출입문 위에는 하늘색 미니 캔버스백을 걸어두어 다다오청점의 메인 상품이 가방과 의류라는 것을 미리 알려주는 듯했다.

다다오청점은 중산점과는 달리 난양(南洋)의 삼진식(三進式) 구조로 되어 있었다. 일진실(一進室) 내부에는 다양한 스타일의 캔버스백이 진열되어 있는데, 원목 테이블과 흰 벽면 위에 설치된 심플한 진열대와 묘하게 조화를 이루었다.

모구 캔버스백의 원단은 자연의 색을 그대로 살린 것이라고 한다. 예를 들어 여름 수박 같은 붉은색, 이른 아침의 호수 같은 푸른색, 선실(禪室)의 말차(抹茶)* 같은 초록색, 과수원의 레몬 같은 노란색 등이 캔버스백의 색감을 결정하는 기준이 된다는 것이다.

일진실에서 다양한 디자인의 캔버스백을 보고 난 후 이진실(二進室)로 들어갔다. 이곳의 주요 상품은 오가닉 면 소재의 티셔츠와 천연염료로 물들인 의류들이었다. 옷걸이 위에 단정하게 걸린 오가닉 면 티셔츠는 촉감이 무척 좋았다. 그리고 단색 티셔츠에 테마가 있는 일러스트 도안이 그려져 있어서 입으면 독특한 느낌이 날 것 같았다. 그중에서도 다다오청을 테마로 해서 만든 한정판 티셔츠가 가장 인기 있는 상품이었다. 다다오청의 거리 풍경을 모티브로 삼아 디자인된 이 티셔츠는 새하얀 바탕에 단수이강을 상징하는 파란 줄무늬가 그려져 있었다. 그리고 오렌지 컬러의 굵은 선과 인디고 컬러의 사각형 무늬는 동양과 서양의 스타일이 혼재된 건축물을 상징한 것이라고 한다. 여러 형상과 불규칙한 선들이 다소 복잡하게 그려져 있지만, 그 속에서 어떤 질서를 찾아볼 수 있었다. 사람들이 다다오청에 대해 느끼는 감정과 같은 것이 아닐까.

천연염색으로 제작하는 의류는 시간과 공이 많이 들지만, 모구는 줄곧 초창기 제작 방식을 고집해서 상품을 만들고 있다. 천연염색을 할 때 사용하는 재료도 모두 타이완에서 자란 식물들로부터 추출한 것이라고 한다. 이런 천연재료로 여러 번 물을 들인 후 산화, 헹구기, 말리기 등의 꼼꼼한 작업을 거쳐야 정교한 염색 천을 얻을 수 있다. 마지막으로 디자이너의 재봉을 거치면 비로소 천연염색 의류가 완성된다.

점원의 설명을 들으면 들을수록 자꾸 타이완 커자 사람들의 삶이었던 란산(藍

---

* 시루에서 쪄낸 찻잎을 말린 후 잎맥을 제거한 나머지를 곱게 갈아 만든 차

衫)이 생각났다. 언젠가 타이완을 방문했을 때 란산으로 유명한 커자의 메이눙(美濃) 마을에 가본 적이 있다. 란산은 원래 커자 사람들의 전통 복식으로 제작 과정이 매우 복잡하다. 옷감을 여러 번 염색하고, 헹구고 치대기를 수도 없이 반복해야 한다. 시간과 인력이 많이 든다는 이유로 대부분의 마을 사람은 이 전통공예를 포기했지만, 진싱항 란산점(錦興行藍衫店)은 홀로 힘겹게 그 명맥을 유지하고 있다. 현재 이 란산은 특별한 날 격식에 맞게 차려입는 옷으로 인식되어 수요가 점점 줄어들고 있다. 이러다가 나중에는 란산을 사진 속에서만 볼 수 있게 될지도 모른다.

이에 대해 모구 측은 다음과 같이 주장했다. "고효율 시대에 살수록 여유를 찾아야 하고, 과학기술로 대체되는 시대에 살수록 사람을 대신할 수 없는, 가치 있는 것에 유념해야 한다. 천연염색이야말로 인간미와 생명력을 갖춘 생활공예라고 할 수 있다. 따라서 모구는 천연염색을 활용한 생활용품을 꾸준히 만들어낼 것이다."

이런 모구의 확고한 이념 덕분에 메이눙 마을은 점점 사라져가는 천연염색의 전통을 이어갈 수 있었다. 손으로 염색한 천을 보면 태양의 기운과 자연의 묘미 그리고 염색 장인이 쏟아부은 정성을 모두 느낄 수 있다. 사람들은 간단한 방법을 두고도 복잡한 방법을 택한 모구를 이해할 수 없다고 한다. 하지만 모구는 전통 방식을 고집하며 지난날의 아름다움을 이어가고자 최선을 다해 여전히 노력하고 있다.

모구는 급변하는 대중의 유행 트렌드에는 아랑곳하지 않고 줄곧 자신만의 경영 철학을 유지하며 서서히 발전하고 있다. 모구라는 브랜드가 만들어진 것은 2003년 여름, 오가닉 면 티셔츠를 판매하기 시작하면서부터였다. 이와 함께 6개월마다 한 번씩 얇은 잡지 형태의 〈모구수첩〉도 증정용으로 발행하기 시작했다. 〈모구수첩〉은 돈을 벌기 위한 것이 아니라 모구를 홍보하기 위해 발간한 것이라고 한다. 생활의 디테일을 중시하는 모구를 대중에게 각인시키기 위한 일종의 고객 서비스라고 할 수 있다.

모구는 초창기 티셔츠만 판매하던 형태에서 벗어나 캔버스백, 천연염색 의류,

∧ 천연 식물 재료로 물든 진열대

종이 제품 등 다양한 디자인 생활용품으로 품목을 확대했다. 이렇게 서서히 판매 제품을 확대하면서 그 역사가 12년이나 이어지게 되었다.

버섯(蘑菇)은 주변 환경만 잘 갖춰진다면 어디서든 쑥쑥 잘 자라나지만, 타이완에 있는 이 모구(蘑菇)는 유달리 성장이 더뎠다. 하지만 매우 견실하게 아직도 끊임없이 성장하고 있다. 이에 대해 모구는 다음과 같은 견해를 덧붙였다. "모구가 뭐냐고요? 많은 사람이 우리에게 그런 질문을 해요. 간단하게 말해서 모구는 진정한 굿라이프를 추구하고 있어요. 그것은 일종의 해피라이프라고 할 수 있죠."

인간의 수명은 정해져 있으므로 사람들은 수명 연장 대신에 삶의 질을 높이고자 하는 노력을 하게 된다. 그 결과, 바쁜 일상 속에서 나날이 결핍되어가는 '느림'의 미학을 갈구하게 되었다. 모구에서는 느림의 생활 방식, 느림과 사람의 공존, 느림의 배려 등을 모두 갖추고 있었다. 이런 이유로 모구에 대한 대중의 인기는 점점 높아지고 있다.

INFO

☐ http://www.mogu.com.tw/

—

중산점

☐ 臺北市大同區南京西路25巷18-1號

☐ +886-2-2552 5552#11

☐ 일~목 10:00~21:00 | 금~토 10:00~22:00

—

다다오청점

☐ 臺北市大同區迪化街1段187號

☐ +886-2-2557 0155#58

☐ 월~일 10:00~19:00

—

쑹옌점 松菸店

☐ 臺北市信義區菸廠路88號2F

☐ +886-2-6636 5888#1608

☐ 월~일 11:00~22:00

3

젠단시웨

簡單喜悅，Simple Pleasure

×

생활 속에서 맛보는 소박한 즐거움

모구 다다오청점을 나오면 바로 맞은편에 나무틀로 된 문 위에 독특한 손잡이가 달린 가게가 눈에 띌 것이다. 문 위에 달린 호박만 한 크기의 단추 모양 나무 손잡이는 젠단시웨의 상징이다. 길을 가다가 이 독특한 디자인의 문을 발견하게 되면 그냥 지나치기 어려울 것이다.

나는 젠단시웨라는 이름이 무척 마음에 들었다. 소박하면서도 진정성이 느껴졌기 때문이다. 지난번 방문했을 때 가게 이름에 관해 물어보았더니, 그 시초는 가게 안주인이 미국에서 예술학을 공부할 때였다고 한다. 어느 날 그녀는 한 선생님이 직접 연주하며 부르는 노래를 듣게 되었는데, 그때 들었던 노래 가사가 무척 감동적이어서 아직도 기억하고 있었다. '기나긴 인생을 살아온 할머니가 집 앞 발코니에 놓인 흔들의자에 앉아 일출과 일몰을 바라보며 상념에 잠긴다.' 〈Simple pleasure〉라는 이 노래의 가사가 안주인의 마음속 깊은 곳에 감동의 씨앗을 심어주었고, 20여 년이 지난 후에야 그 씨앗이 싹을 틔우게 된 것이다. 그 싹은 안주인이 한눈에 반한 디화제의 한 건물에 뿌리를 내려 성장하게 되었고, 노래 제목인 'Simple pleasure'와 의미가 딱 맞아떨어지는 '젠단시웨'라고 부르게 되었다.

가게 문을 열고 안으로 들어서니 벽면에 푸른 산등성이를 층층이 물들인 염색화가 걸려 있었다. 그리고 매장 구석구석에는 화려한 꽃무늬 롱스커트, 과감한 배

색의 패치워크 손가방, 부드러운 색감의 면 리넨 머플러, 여러 색실로 짠 스트라이프 손뜨개 가방 등 다양한 재질과 스타일로 만든 천공예품들이 진열되어 있었다. 여러 물건을 믹스매치해 진열한 젠단시웨의 일진옥에는 출처가 불분명한 것들이 많아서 도대체 어디서 공수해온 작품인지 궁금증이 생기기 시작했다.

이곳에서 일하는 사람 중에 나이가 조금 들어 보이는 점원 언니가 있는데, 단정한 단발머리에 안경을 끼고 있어서인지 대학교수 같은 분위기가 살짝 느껴졌다. 그녀의 친절한 설명 덕분에 내 궁금증도 조금씩 풀리기 시작했다.

꽃무늬 롱스커트는 양가 스튜디오[洋嘎(Younga)工作室]에서 제작된 것으로 카메룬의 꽃무늬 천을 모티브로 해서 만들어졌다고 한다. 이 스커트는 컬러 블로킹(Color Blocking)이 선명한 기하 도형이 그려져 있어 보는 이들에게 즐거움을 선사해준다. 패치워크 손가방은 타이완에서 10여 년간 패치워크 제품을 만들어온 부눙(布農) 선생의 작품이라고 한다. 그녀의 섬세한 손길로 한 땀 한 땀 정성 들여 완성된 이 가방은 집에서 직접 만든 듯해 정감이 갔다. 타이완의 톈란 공방(天染工坊)에서 만든 면 리넨 머플러는 수작업으로 물들인 원단을 사용해서 은은한 수채화처럼 자연스러운 그러데이션 효과가 나타나 있었다. 미얀마 국경 지역에 설립된 치무와 수제 공방[奇姆娃(Chimmuwa)手作工作坊]은 현지 여성 인력을 이용해서 편물을 제작하기 때문에 현지 여성과 아동의 생활 환경 개선에도 도움을 줄 수 있다. 소박하면서도 따뜻해 보이는 스트라이프 손뜨개 가방이 바로 그녀들의 뛰어난 손기술로 만들어진 편물 제품이라고 한다.

젠단시웨의 제품들은 대부분 수작업으로 만든 것이다. 타이완에서 만들어진 것도 있고, 아프리카나 동남아 등지에서 공수해온 제품도 있다. 또한 이곳에서는 다양한 천 제품 이외에 식물의 씨앗으로 만든 장식품도 판매하고 있다. 블랙, 레드, 브라운 컬러의 씨앗을 꿰어서 만든 목걸이나 귀걸이를 액자 틀에 걸어 진열해놓았다. 액자 틀 위쪽에는 이런 메모가 붙어 있었다. "모두가 한 알의 씨앗처럼 자신만의 독특한 방식으로 생명의 존재를 되찾으리라 믿는다._뒤뒤샹·쯔란신우(朵朵香·自然信物)"

뒤뒤샹 스튜디오(朵朵香工作室)에서 만든 쯔란신우(自然信物) 계열의 장신구는

모두 타이완에서 자라난 식물의 씨앗이나 열매로 만든다고 한다. 이 스튜디오는 자매가 서로 분업해서 작업을 진행하고 있는데, 언니가 작품을 디자인하면 동생이 디자인에 맞는 재료를 채집해오는 방식이다. 홍두(紅豆) 씨, 무환자나무 열매, 보리수 열매, 대혈등 씨나 떡갈나무와 소철의 열매를 주재료로 사용하며 모든 재료는 깊은 산속에서 채집해온다. 환경보호를 위해 채집할 때도 나무나 주변 환경이 훼손되지 않게 항상 주의하고, 채집해온 씨앗도 과도한 가공이나 도색을 거치지 않고 가능한 한 원형 그대로 액세서리를 제작하고 있다. 자연 재료로 만들어진 이 신물(信物)은 두 자매의 정성으로 한 알 한 알 모두 견고하게 만들어졌다. 세상에서 단 하나뿐인 나만의 장신구를 항상 몸에 지니게 되면 자연을 숭배하며 살아가는 사람들의 마음에 위안을 줄 수 있을 것이다.

가게 한쪽 구석에서 전에는 한 번도 보지 못했던 화려한 잔꽃 무늬가 있는 면 생리대를 발견했다. 생리대의 날개 부분에는 단추를 달아놓아 고정할 수 있게 만들었고, 손수건 크기로 작게 접을 수 있어서 보관하기에도 편리할 것 같았다. 생리대가 이렇게 예쁠 수 있다는 생각에 놀라움을 감출 수 없었다. 옆에 있는 홍보 책자를 들춰보고 이 생리대가 어떻게 만들어졌는지 알게 되었다. 국제 자원봉사

자인 린넨츠(林念慈)*가 네팔에 있을 때 현지 여성들이 생리대 문제로 어려움을 겪고 있다는 것을 알게 되었다고 한다. 더욱이 그녀들은 이 문제를 거론하는 것조차 꺼리는 상황이라서 감염의 위험에 그대로 노출되어 있었다. 그래서 린넨츠는 네팔 여성들과 그녀들의 딸을 위해 직접 면 생리대를 만들 수 있도록 도움을 주었다. 네팔에 몐러웨스 공방(棉樂悅事工作坊, Dharti Mata Sustainable Workshop)을 설립하고, 환경보호를 위해 네팔 여성들이 제작한 면 생리대를 타이완에 널리 보급했다.

내가 홍보 책자를 뚫어지게 바라보고 있자 점원 언니가 다가와 친절하게 설명을 덧붙여주었다. "부끄러워하지 마세요. 면 생리대는 이 가게에서 가장 인기 있는 상품이랍니다. 우리가 평생 15,000개의 탐폰과 생리대를 쓴다는 건 몰랐을 거예요. 요즘 나오는 대다수 생리용품은 솜을 만들 때 표백제를 대량으로 사용하고 있고, 썩지 않는 비닐로 과도하게 포장하고 있어요. 이런 것들은 여성의 건강에 악영향을 끼칠 뿐만 아니라 환경오염 문제도 일으키고 있답니다." 나는 점원 언니의 말을 듣고 생리대를 어떻게 사용해야 좋을지 물어보았다. 그러자 그녀는 "매번 3~5개의 면 생리대를 준비해서 사용하고, 사용한 후에는 깨끗하게 씻어서 말린 후 다시 사용하면 돼요. 일반적으로 1개의 면 생리대는 최대 2년간 사용할 수 있어요"라고 대답해주었다.

면 생리대를 사볼까 하고 고민 중일 때 가게 주인과 안주인이 2층에서 내려왔다. 이번 타이베이 여행은 약간 즉흥적이어서 사전에 가게 주인과 만날 약속을 잡지 못했다. 그렇다고 해서 약속을 잡기 위해 필사적으로 애쓰지도 않았다. 왜냐하면 지난번에 왔을 때 안주인을 통해 가게의 창업 스토리를 이미 들었기 때문이다. 그래서 다시 방문하게 된다면 그들과 편하게 앉아서 대화나 나눠야겠다고 생각했다. 결론을 말하자면 이번에도 내 소원은 이루어졌다.

주인 부부와 이야기를 나누면서 하필이면 왜 디화제에서 개업하게 되었는지 물어보았다. 그러자 주인아저씨는 자신은 원래 선물용품 무역업자여서 그동안

* 자원봉사 단체인 VYA(Vision Youth Action) Taiwan의 대표

88

수많은 도시를 돌아다녔고, 엄청난 사업 기복으로 고생도 많았다고 털어놓았다. 마지막으로 그가 정착하게 된 곳이 바로 지난날 사업하면서 인연을 맺었던 융러 시장(永樂布市)*이었다. 반평생 동안 여러 곳을 전전하며 살다가 결국 원점으로 다시 돌아오게 된 것이다. 옆에서 주인아주머니가 몇 년 전 디화제에 와서 가게 터를 알아볼 때 이곳이 첫눈에 쏙 들어왔다고 웃으며 말해주었다.

 "나는 '해가 뜨면 일하고 해가 지면 쉰다'는 디화제만의 생활 방식이 정말 마음에 든다. 하지만 전통적인 융러 시장은 여전히 일요일에는 쉰다. 디화제는 밤낮 구분 없이 24시간 내내 시끌벅적한 타이베이의 도심이라서 처음에는 이곳만의 독특한 생활 방식과 리듬에 적응하기 어려울 수도 있다." 이것은 내가 나중에 젠단시웨 페이스북에서 찾은 말이다. 나는 린(林) 사장과 그의 부인이 다시 디화제로 돌아온 것은 생활 속의 소박한 즐거움을 되찾기 위해서라고 생각한다. 이것이 야말로 우리가 진정으로 바라는 'Simple Pleasure'일 것이다.

* 디화제에 있는 원단 도매 시장

INFO

☐ 臺北市大同區迪化街1段184號

☐ +886-2-2552 8611

☐ 월~토 09:30~19:00

4

중이청

衆藝埕

X

문학과 예술을 사랑하는 청춘들의 보금자리

태풍이 몰아치던 날, 해 질 무렵이 되자 디화제에서 조금 떨어진 곳에 있는 민러제(民樂街)는 인적이 더욱 뜸해졌다. 조용한 민러제 골목에 위치한 중이청은 시멘트 벽돌로 지어진 3층 높이의 서양식 건물로 스다이췬 그룹이 샤오이청과 민이청을 설립한 후 연이어 만든 문학과 예술의 복합 공간이다. 짙은 푸른빛 하늘 아래에서 보니 건물 외벽은 더욱 푸르스름한 기운이 감돌았고, 날이 흐려서인지 건물 유리창에는 따뜻해 보이는 노란 불빛이 은은하게 배어 있었다. 시멘트 기둥에는 건물에 입주해 있는 가게들의 간판이 나란히 걸려 있었는데, 춘주(春豬), 차·오피(俏·皮) 등 타이베이의 신기하고 독특한 상점들은 다 모여 있는 것 같았다.

중이청은 단일 상품만을 취급하는 민이청과는 달리 여러 테마를 한데 모아서 판매하고 있었다. 즉, 대중과 군중 속의 다수를 테마로 삼은 것이다. 이 테마 속에는 민간공예, 현지화, 복고의 부활, 모던 디자인, 생활의 멋, 미학 교육이 포함되어 있다.

중이청이 입주해 있는 건물은 앞뒤로 출입구가 나 있는 낡은 3층 건물로, 하늘이 보이는 천정을 사이에 두고 모든 공간이 서로 연결되어 있었고 층층이 오밀조밀하게 자리한 가게끼리도 서로 오갈 수 있는 통로가 나 있었다. 이 자그마한 가게들에는 자신만의 버젓한 가게를 갖고자 하는 젊은 창업자들이 품어온 꿈이 무럭무럭 자라나고 있었다.

춘주 春豬

즐거움이 가득한 가죽 제품 스튜디오

계단을 올라가면 가죽을 씌운 작은 명패에 '春豬'라는 두 글자가 쓰여 있는 것이 보인다. 여기가 바로 샤오냐오(小鳥) 선생과 반마(斑馬) 선생이 함께 만든 가죽 공예 스튜디오이자 가죽 제품을 판매하는 춘추다. 가죽공예와 사랑에 빠진 샤오냐오 선생은 타이완 예술 대학을 졸업한 후, 가죽 디자이너가 되겠다는 부푼 꿈을 안고 가죽공예를 배우러 일본으로 떠났다. 일본에서 공부하던 그녀는 어느 날 한 선생님에게서 돼지와 관련된 이야기를 듣게 되었다. 일본에서는 돼지해 연초에 태어난 여자아이에게 '춘주'라고 이름 짓는 전통이 있는데, 봄에 태어난 아기 돼지처럼 건강하고 즐겁게 살라는 뜻이 담겨 있다고 한다. 그 후 타이완으로 돌아와 스튜디오를 열게 된 샤오냐오는 스튜디오 이름을 '춘주'라 지었다. 이곳에서 만든 가죽 제품들이 '봄 돼지'마냥 사람들에게 즐거움을 선사하길 바라는 마음을 담은 것이다.

스튜디오로 들어섰을 때 샤오냐오 선생과 반마 선생 둘 다 부재중인 것을 알게 되었다. 아쉬웠지만 가게를 한 바퀴 둘러보며 두 사람의 존재를 작품으로 대신해서 느껴보았다. 가게 구석구석에는 나무로 만들어진 작은 새와 얼룩말 인형들이 놓여 있었는데, 그중에서도 가장 눈길을 끈 것은 오래된 목조 책장 위에 놓인 부직포로 만든 두 인형이었다. 얼룩말 머리를 한 남자 인형이 버섯 머리 스타일의 눈이 큰 소녀를 안고 있는 독특한 모습이었다. 나는 이 소녀가 샤오냐오라는 것을 바로 알아챘다. 샤오냐오의 어시스트인 샤오카(小咖)는 나에게 반마 선생은 샤오냐오 선생의 수호자라고 알려주었다. 얼룩말과 소녀 인형처럼 항상 옆에서 그녀의 꿈이 이루어질 수 있도록 도와준다는 것이다.

매장 안에는 다양한 크기와 컬러의 백팩, 숄더백, 핸드백에서부터 펜 파우치, 동전 지갑, 여권 지갑, 명함 케이스, 필통 등 없는 것이 없을 정도로 모든 것이 다 갖춰져 있었다. 자연스러운 컬러의 가방은 편안한 느낌이 들었고 디자인도 클래식해 어디에나 다 잘 어울릴 듯했다. 무엇보다도 이곳처럼 디자인과 제작을 동시

에 하는 곳은 보기 드물었다. 샤오냐오와 그녀의 어시스트는 스튜디오에서 제품 하나하나를 수작업으로 정성스럽게 제작해 판매했다.

스튜디오에서 제작한 가방 중 인상에 남는 것이 몇 개 있었는데, 가장 눈에 띈 것은 빨간 두건 소녀와 회색 늑대가 그려진 가방이었다. 벽에 걸린 그 가방 안에는 말린 데이지 꽃이 꽂혀 있었다. 아이들이 좋아하는 동화 속 캐릭터를 가죽 가방에 담아 마치 한 권의 동화책을 보는 듯한 느낌이 들었다. 시계가 그려진 동그란 핸드백도 매우 독특했다. 시계에 그려진 시침과 분침은 2시 정각을 가리키고 있있는데, 일본어로 '2시'는 '무지개'와 발음이 같다고 한다. 그래서인지 이 귀여운 '2시 가방'은 무지개처럼 언제나 내 주변에 머무를 것 같았다. 가죽으로 만든 하오쉐성 필통(好學生鉛筆盒)은 각종 분┼를 삭고 성교한 케이스에 넣어서 보관할

수 있게 제작되었다. 흑녹색과 황갈색의 부드러운 가죽 재질로 만들어진 이 복고
풍 문구 케이스는 오래 사용해도 유행을 타지 않을 것 같았다.

창가에 있는 커다란 작업대에서는 대학생처럼 보이는 한 청년이 가죽 고르기
에 몰두하고 있었다. 샤오카의 말에 따르면, 그의 이름은 아페이(阿飛)이며 춘주
스튜디오를 설립하고 얼마 지나지 않아 샤오냐오에게 가죽공예를 배우기 위해
이곳을 찾아왔다고 한다. 현재 춘주의 디자이너 겸 강사로 활동하고 있다.

춘주에서는 가죽 제품의 완성품을 판매할 뿐만 아니라 스튜디오 설립 초기부
터 가죽 제품 DIY 과정 수업을 개설해서 진행하고 있었다. 샤오냐오는 강의를 맡
아 진행하며 그들로부터 이런저런 사연도 많이 듣는다고 했다. 어떤 학생은 대학
에 진학하는 딸을 위해 매주 신주(新竹)에서 이곳까지 찾아와 가방을 만들고 있
고, 또 다른 학생은 남편의 생일 선물로 주기 위해 열심히 가방을 만들고 있다고.
또 타이중(臺中)에서 수학을 가르치는 한 선생님은 여유가 있을 때마다 와서 가

방 만드는 법을 배우고 있고, 유럽 여행을 준비하고 있는 한 여학생은 자신이 들고 갈 배낭을 직접 만들기 위해 이곳에 온다고 했다. 샤오냐오는 이런 열성적인 학생들에게 자신이 일본에서 배워온 기술을 아낌없이 전수해주고 있었다. 학생들이 만든 가방 하나하나는 각자의 사연과 정이 담긴 결과물이다. 더군다나 자신의 손으로 직접 정성을 쏟아 만들기 때문에 작품이 완성되면 왠지 모를 희열을 만끽할 수 있다. 결국, 자신이 만든 수공예 가죽 가방은 오롯이 자신만의 춘주가 되는 것이다. 나도 타이베이에 다시 오게 된다면 반드시 나만의 춘주를 만들어봐야겠다고 다짐했다.

차오 · 피 俏 · 皮
폴라로이드와 함께한 멋진 추억

춘주를 나와 천정을 지나자마자 또 다른 가게의 간판이 눈에 띄었다. 메릴린 먼로의 팝아트 초상화가 그려진 간판 위쪽에는 가게 이름이 영문으로 멋지게 쓰여 있었다. 매장 안으로 들어가 보니 다섯 칸으로 나눠진 벽면 선반 위에 폴라로이드 카메라가 가지런히 놓여 있었다. 가게 주인이 $10m^2$도 안 되는 자그마한 매장에 그동안 수집해온 수백 개의 희귀한 골동품 카메라를 진열해둔 것이다. 이것만 봐도 폴라로이드 카메라에 대한 그의 열정이 얼마나 대단한지 느껴졌다.

체크무늬 셔츠에 베레모를 눌러쓴 가게 주인 양차오쉬(楊朝旭)는 마치 영국 신사 같았다. 영업 마감 시간이 다가오자 매장 안은 한산해졌고, 그는 선반 앞에 서서 미간을 찌푸린 채 카메라를 뚫어지게 쳐다보고 있었다. 나는 호기심을 참지 못하고 그에게 다가가 작은 목소리로 무슨 일인지 물어보았다. 그제야 그는 내가 있었다는 것을 깨달은 듯 미안해하며 친절하게 대답해주었다. "어서 오세요! 계신지 몰라봐서 미안합니다. 최근에 중고 카메라 몇 대를 구매했는데, 어떻게 수리해야 할지를 생각하고 있었어요."

예술학을 전공한 그는 폴라로이드 촬영에 심취해서 카메라를 하나둘씩 사 모으다 보니 이렇게 많아졌고, 그의 여자 친구도 유럽과 미국 등지에서 유행하는 예술적인 그림책을 좋아해서 함께 폴라로이드 카메라와 그림책을 파는 잡화점을 내게 되었다고 한다. 양차오쉬는 주기적으로 미국과 유럽에서 구형 카메라를 사 모으고 있었다. 입문 수준의 ONE 600부터 인기 제품인 Polaroid SX-70과 Polaroid 레인보우 카메라까지 가리지 않고 구매했고, 연식이 있는 Polaroid 680/690이나 폴딩 카메라도 그의 손길을 거치면 정상적으로 작동했다. 1960, 70년대에 생산된 구형 카메라들을 보면서 그동안 어떤 사람들의 손을 거쳐왔을까, 또 얼마나 많은 사람의 추억을 사진에 담아주었을까 생각하니 괜시리 가슴이 뭉클했다.

양차오쉬는 디화제에서의 일상을 찍어 폴라로이드 사진으로 남겼는데, 그 폴라로이드 사진을 매장 한쪽 벽면에 잔뜩 붙여 전시하고 있었다. 도로 위에 멈춰

선 오토바이, 햇볕을 쬐고 있는 다육식물, 이웃사촌인 샤오냐오와 반마, 차오·피를 방문한 손님들 그리고 환하게 웃고 있는 여자 친구의 모습 등 벽면에 붙어 있는 흑백 사진이나 누런빛이 도는 사진 속에서 우리들의 평범하고 소소한 일상을 엿볼 수 있었다.

폴라로이드 카메라가 진열된 맞은편 벽면에는 유럽 예술가들의 그림책이 놓여 있었는데, 평소에 보기 힘든 독특한 스타일의 북디자인이었다. 그중에서도 독일의 예술가 부부 다니엘 돌즈(Daniel Doltz)와 도리스 프레이고파스(Doris Freigofas)가 제작한 삽화집이 가장 눈에 띄었다. 인류의 비행 역사를 소개한 책으로 전통적인 판화 기법으로 제작된 것이라고 한다. 책 표지에는 그리스 신화 속 이카로스(Icarus)가 새의 깃털을 모아 만든 날개, 세계 최초의 제트기, 달에 착륙한 우주비행사 등 각기 다른 시대의 창조물들이 그려져 있었다. 대담한 색채로 표현된 그림들을 보면 그들의 엉뚱한 상상력에 놀라움을 금치 못할 것이다.

차오·피에서는 폴라로이드 카메라나 유럽 예술가들의 그림책 이외에 키덜트의 취향을 저격하는 플레이 모빌도 판매하고 있었다. 플레이 모빌은 독일에서 만들어진 장난감 브랜드로 1974년에 최초로 등장했다. 플레이 모빌 인형은 귀여운 둥근 머리와 환하게 웃는 얼굴을 하고 있고, 알록달록한 컬러와 다양한 테마로 구성되어 있어 세계 각지의 수많은 컬렉터의 사랑을 받고 있다. 어린아이같이 천진난만한 양차오쉬도 플레이 모빌 수집광 중 한 명이었다.

나는 떠나기 전에 그에게 사진을 찍어주고 싶다고 말했다. 항상 남을 찍어주기만 했던 이 젊은 사진 기사는 쑥스러운 듯 카메라 렌즈 앞에서 어색한 미소를 지었다. 2014년 태풍이 몰아치던 해 질 녘의 어느 날, 차오·피에서의 추억을 이렇게 사진으로 남기게 되었다.

페이스북을 통해 춘주와 차오·피가 줄줄이 중이청을 떠난 것을 알게 되었다. 더 큰 스튜디오로 옮겨 열심히 꿈을 향해 나아가고 있는 듯해서 기뻤지만, 마음 한편으로는 아쉬움도 컸다. 이제는 중이청에 가도 두 가게만의 신기한 물건들을 볼 수 없기 때문이다. 하지만 그와 동시에 새로운 가게를 구경할 수 있다는 기대감도 생겨났다. 사람의 마음은 참으로 모순되는 것 같았다.

그리고 얼마 후 반가운 소식을 듣게 되었다. 내 기대에 부응이라도 하듯 중이청에는 이미 레이저 조각 스튜디오인 유(攸)와 타이완 현지 브랜드인 화성싸오(花生騷)가 새로 입점해서 관광객들의 마음을 사로잡고 있다고 한다.

INFO
중이청

☐ 臺北市大同區民樂街20, 22號, 臺北市大同區民生西路362巷23號
☐ +886-2-2556 1120
☐ 월~일 10:00~20:00

—

춘주

□ 臺北市大安區潮州街15號1樓

□ +886-2-2321 6931

□ 월~일 10:00~20:00

—

차오 · 피

□ 臺北市大安區順泰街50巷3號

□ +886-2-2366 0911

□ 월~일 13:00~19:00

∧ 레이저 조각 스튜디오 유

린우후 본관 林五湖本館

린우후 본관은 디화제에서 가장 완벽하게 잘 보존된 청대(淸代)의 민난식 (閩南式)* 거리주택으로, 들어가는 입구는 매우 협소하며 내부는 천정이 있는 삼진식 구조로 되어 있다.

현재 이곳은 전웨이 차위안(臻味茶苑)의 주인이 차 도매점으로 운영하고 있지만, 초창기 이곳의 일진실에서는 남북 지역의 특산물을 판매했었다. 고대 건축물과 잘 어우러지게 꾸며진 매장은 소박하면서도 평온한 분위기를 자아냈다. 100년 전 찻잎을 수출할 때 사용하던 박스나 찻주전자 같은 중화민국 초기 유물도 놓아두어 곳곳에서 오랜 세월의 흔적이 묻어나는 듯했다.

시간이 충분하다면 전웨이 차위안에서 차 한 잔을 마시며 여유를 즐겨보는 것도 괜찮다. 친절한 주인이 끓여주는 타이완의 가오산 진쉬안차(高山 金萱茶)를 마시면서 디화제의 역사와 고택에 담긴 이야기를 듣다 보면 시간 가는 줄도 모를 것이다.

* 푸젠성(福建省) 남부 지역의 건축양식으로 붉은 벽돌, 기와지붕, 나무로 된 문과 창이 특징이다.

린우후 본관

☐ 臺北市大同區迪化街1段156號
☐ +886-2-2944 7716

전웨이 차위안

☐ +886-2-2557 5333

훙춘메이 베이킹 용품점 洪春梅西點器具店

디화제와 민성시루(民生西路) 교차로에 있는 훙춘메이 베이킹 용품점은 중화민국 6년(1917)부터 지금까지 영업을 이어온 100년의 역사를 지닌 곳으로, 선명한 노란색 바탕에 붉은색으로 '烘焙食品器具'*라고 쓰인 간판 덕에 멀리서 보아도 눈에 잘 띄었다.

길가에 자리 잡고 있는 이 오래된 상점은 완벽한 오픈형 구조였다. 그래서 굳이 안으로 들어가지 않아도 내부에 진열된 다양한 베이킹 용품들을 한눈에 볼 수 있다. 치수별로 갖춰진 크림 펜에서부터 동물 문양의 스테인리스 푸딩 틀, 나무 재질의 시빙(喜餅)**과 웨빙(月餅)*** 틀, 다양한 컬러의 종이 컵케이크 틀, 각종 쿠키 스탬프까지 없는 것이 없을 정도였다. 전통적인 중국식 상점에서 서양식 베이킹 용품들을 판매하는 것이 조금 의아해 보일 수 있지만, 뜻밖에 조화를 잘 이루어서 위화감은 전혀 느껴지지 않았다.

* 홍베이 스핀치쥐는 '베이킹 재료 및 기구'라는 뜻이다.
** 타이완 사람들이 결혼할 때 하객에게 답례품으로 나눠주는 과자의 일종
*** 중국 사람들이 중추절에 먹는 전통 과자의 일종

□ 臺北市大同區民生西路389號
□ +886-2-2553 3859

린펑이 상점 林豊益商行

디화제에는 오래된 상점들이 몇 걸음을 옮길 때마다 바로 보일 정도로 촘촘하게 밀집되어 있다. 중화민국 5년(1916)에 개업한 린펑이 상점도 린우후 본관에서 그리 멀지 않은 곳에 자리 잡고 있다. 이 상점 역시 100년이 넘은 라오쯔하오(老字號)*였다.

매장 안에는 평소에 흔히 쓰는 대나무나 라탄 재질의 생활용품들이 있었는데, 모두 타이완 각 지역의 장인들이 수작업으로 만든 제품이다. 크고 작은 죽 제품, 라탄 제품, 대바구니, 나무 주걱, 빗자루 등에서는 오랜 세월의 흔적이 고스란히 느껴졌다. 이곳에서 파는 수공예품은 다소 볼품없어 보일지 모르지만 대대로 내려오는 전통의 아름다움이 배어 있었다.

* 노포(老鋪), 대대로 내려오는 전통 있는 가게

□ 臺北市大同區迪化街1段214號
□ +886-2-2557 8734

리팅샹 빙푸 李亭香餠鋪

리팅샹 빙푸는 전통 디저트 가게로 청대 광서년(光緖年)에 디화제의 한 고풍스러운 붉은 벽돌집에서 영업을 시작해 줄곧 이곳을 지키며 다양한 디저트를 판매하고 있다. 그래서 타이완 사람들은 명절 선물을 사거나 제사 음식을 준비하기 위해 이곳을 자주 찾는다고 한다.

매장 안으로 들어서면 맛깔스러운 전병류 등 디저트들이 가지런히 진열된 것을 볼 수 있다. 그중에서도 서우타오(壽桃),* 진룽빙(金龍餠),** 부부가오(步步糕)***가 가장 꾸준하게 잘 팔리는 제품이라고 한다. 특히 핑안구이(平安龜)****는 행운, 장수, 평안의 의미가 담겨 있어 많은 사람이 기념품으로 즐겨 찾았다. 포장 박스 위에는 디저트가 만들어진 유래가 적혀 있었는데, 장인 정신으로 만든 이곳의 디저트를 많은 사람에게 홍보하기 위해서라고 한다. 리팅샹 빙푸의 먹음직스러운 간식거리를 보면 자신도 모르게 카메라를 꺼내 들어 사진으로 남기고 싶을 것이다.

* 생일을 축하할 때 쓰는 복숭아 모양의 찐빵으로 장수를 상징한다.
** 월병의 일종으로 용 문양 틀로 찍어 만들었다고 '진룽빙'이라고 부른다.
*** 얇게 자른 떡처럼 생긴 중국 장난(江南) 지역의 전통 간식. '糕'는 '高'와 발음이 같아서 승진과 발전의 의미가 내포되어 있다.
**** 땅콩가루, 맥아, 검은깨를 넣고 만든 거북이 모양의 간식

□ 臺北市大同區迪化街1段309號
□ +886-2-2557 8716

양시 문예 공간 揚曦藝文空間

리팅샹 빙푸를 나와서 잠시 걷다 보면 또 다른 서양식 붉은 벽돌집이 보인다. 시멘트로 된 문기둥 위에 '揚曦'라는 두 글자가 새겨진 이 건물은 몇몇 건축가와 디자이너가 공동으로 건설한 문예 공간이다.

안으로 들어서자 디화제의 옛 정취를 그대로 간직한 일진옥이 보였다. 갤러리로 개조된 일진옥의 흰 벽면에는 판화 몇 점이 듬성듬성 걸려 있었고, 평범해 보이지만 심오함이 엿보이는 그림들은 고택의 분위기와 썩 잘 어울렸다. 긴 복도를 지나 이진옥에 이르자 커피숍이 나타났다. 내부는 긴 테이블 하나와 소파 몇 개만 놓여 있어서 매우 단출해 보였고, 나무문과 창틀은 고풍스러우면서도 우아한 분위기를 만들어냈다. 이곳에서는 커피뿐만 아니라 중의사가 직접 조제한 한방 음료도 맛볼 수 있다.

□ 臺北市大同區迪化街1段294號
□ +886-2-2550 2808

다다오청 259 大稻埕259

248 농학마켓(248農學市集)은 정기적으로 열리는 타이베이 제일의 농산물 시장이다. 이 시장을 주관하고 있는 248 협회는 영세농을 돕기 위해 디화제에 다다오청 259를 설립했다.

붉은 벽돌로 만든 아치형 통로를 지나 안으로 들어가면 이곳의 간판 메뉴인 야오사오 홍더우탕(窯燒紅豆湯)을 맛볼 수 있다. 가오슝스(高雄市) 다랴오취(大寮區)에서 재배한 유기농 붉은 팥을 사용해서 만든 것으로 갈색 얼음 설탕을 조금 넣어서 먹으면 그 맛에 매료되어 자꾸 찾게 될지도 모른다. 또한 이곳에 오면 각종 장류, 채소, 과일, 곡물 등 타이완 각지에서 재배된 우수한 농산물들도 구매할 수 있다.

다다오청 259의 설립자는 소박한 매력을 지닌 이 홍더우탕처럼 더 많은 사람이 농촌을 좋아하게 돼서 귀농하는 사람들이 늘어나기를 바란다고 전했다.

☐ 臺北市大同區迪化街1段259號
☐ +886-2-2557 1259

다차오터우역 大橋頭站

융러 초등학교
永樂國小

타이핑 초등학교
太平國小

량저우제 凉州街

바오안제 保安街

다다오청
공원
大稻埕公園

디화제 1단 迪化街1段

옌핑베이루 2단 延平北路2段

충칭베이루 2단 重慶北路2段

민성시루 民生西路

환허 고속도로 環河快速道路

난징시루 南京西路

시닝베이루 西寧北路

난징시루 南京西路

① 푸라이쉬 福來許, Fleisch

남북으로 죽 늘어선 상점들 사이에 끼인 듯 자리 잡고 있는 복합형 커피숍이다. 깔끔한 프라이빗 키친 형태로 꾸며진 주방에서는 손님들에게 신선한 재료로 만든 요리를 제공하며, 매장에서는 다양한 원창 잡화들을 판매하고 있다.

◻ 臺北市大同區迪化街1段76號
◻ +886-2-2556 2526

② 다카이샹러 達開想樂, Deco Collect

다카이샹러는 류관제 웨이양스 뎬우(六館街尾洋氏店屋)* 내부에 자리 잡고 있다. 이곳은 옛것을 최대한 보존하면서 최신 트렌드를 반영하기 위해 동남아 지역에서 공수해온 골동품과 젊은 디자이너가 만든 예술작품을 함께 배치하는 등 기발한 인테리어 감각을 발휘했다.

* 타이베이의 난징시루에 있는 고건축물

◻ 臺北市大同區南京西路251號
◻ +886-2-2558 2251

❸ 바오안 바쓰 保安捌肆, Boan 84 Space

일제 강점기에 서양 외과 의료원으로 사용했던 낡은 건물을 리모델링해서 만든 또 하나의 복합형 문화 공간이다. 1층에는 홍베이저 커피숍(烘焙者咖啡)이 있고, 2층에는 중고서점과 잡화점 그리고 갤러리가 있다. 3층은 음악과 예술을 위한 전시 및 공연장으로 사용되고 있다.

☐ 臺北市大同區保安街84號
☐ +886-2-2552 0484

❹ 셴화성 鹹花生, Salt Peanuts

커피숍 겸 서양식 베이커리로 브런치, 수제 빵, 프랑스식 키쉬(Quiche)*와 옛 맛 그대로의 시나몬 롤을 판매하고 있다.

* 달걀, 우유에 고기, 야채, 치즈 등을 섞어 만든 파이의 일종

☐ 臺北市大同區迪化街1段197號
☐ +886-2-2557 8679

❺ 라오구이팡 老桂坊

네 명의 아티스트가 공동으로 만든 전통적인 타이완 스타일의 미니숍으로 원창 선물 용품, 인테리어 용품, 액세서리, 음료뿐만 아니라 다육식물도 판매하고 있다.

☐ 臺北市大同區迪化街1段46巷12號
☐ +886-2-2555 9355

❻ 즈얼 차관 知貳茶館

타이완식 요리와 프랑스식 요리가 조화를 이룬 퓨전 레스토랑으로 내부 인테리어도 중국과 서양 스타일이 잘 어우러져 있다. 이곳의 운영자는 옛것과 새로운 것, 동양과 서양의 극단적인 면을 대비시켜 그 속에서 조화를 이루어내고자 했다.

☐ 臺北市大同區迪化街1段356-2號
☐ +886-2-2557 9935

7 서우르 성훠 手日生活, Make a Day

건축가 부부가 설립한 원창 라이프스타일 찻집으로 전통 궁푸차(功夫茶)*와 디저트를
제공하며, 예쁜 디자인의 그릇과 가구도 함께 판매하고 있다.

* 중국식 다도로 차를 끓이고 우려내는 데 기술이 필요하다고 하여 붙여진 이름이다.

☐ 臺北市大同區迪化街1段321號
☐ +886-2-2553 6716

8 다다오청 선착장 大稻埕碼頭

단수이강 주변에 있는 다다오청 선착장은 석양을 촬영하기에 가장 좋은 핫스폿으로
명성을 얻고 있다. 시원한 바람이 부는 저녁 무렵에 도심을 가로질러 흐르는 단수이강
을 바라보며 여유를 만끽하기에 좋다.

☐ 臺北市大同區環河北路1段
☐ +886-2-2720 8889

9 샤하이 성황묘 霞海城隍廟

타이베이에서 명성이 높은 샤하이 성황묘는 1859년에 준공된 이래로 지금까지 46평
남짓한 불당 내의 향불이 1년 내내 꺼지지 않는다고 한다. 특히 사랑을 맹세하기 위해
이 사당을 찾는 젊은 연인들이 꾸준히 늘고 있다.

☐ 臺北市大同區迪化街1段61號
☐ +886-2-2558 0346

10 옌비모 岩筆模, MBmore

옌비모는 타이완의 판화 예술이 시작된 종합 플랫폼 형태의 상점이다. 옌비모 스튜
디오에서는 판화와 관련된 창작품, 오리지널 판화, 수공예 판화 그리고 원창 제품들
을 판매하고 있다.

☐ 臺北市大同區南京西路275號
☐ +886-2-2558 3395

다퉁취·츠펑제

/

중산취·중산베이루

인파로 넘쳐나는 신광싼웨(新光三越, Shin Kong Mitsukoshi) 백화점을 벗어나 도로에서 조금 떨어진 중산 베이루와 츠펑제로 들어서면 얼기설기 얽혀 있는 좁은 골목 사이사이에 자리한 라이프스타일숍이나 수공예 스튜디오를 만날 수 있다. 그래서인지 유행을 선도했던 중산 지하철역 부근에는 문예 풍조가 만연해졌고, 제련소와 금속 공장 집결지였던 츠펑제도 타이베이의 생활 미학을 실천하는 핫스폿이 되었다.

이곳의 가게 주인들은 자그마한 자신의 가게에서 꿈과 희망의 싹을 틔워 서서히 큰 나무로 성장시키고 있었다. 내가 이 거리를 찾았을 때는 비가 몇 차례 내려 지나다니는 사람들이 뜸해진 덕분에 가게 주인들과 여유롭게 앉아 수다를 떨 시간이 많아져서 좋았다. 가게를 열게 된 구구절절한 사연에서부터 수공예품 제작 과정까지 모든 것을 내게 말해주었다. 창작에 대한 견해, 가슴 뛰는 작품을 마주했을 때의 희열, 이상과 현실 사이에서의 갈등 등 그들의 이야기를 듣고 있자니 마치 내가 단순한 손님이 아닌 그들의 일상 속 인물이 된 듯했다. 가게를 떠날 때도 가게 주인이 문 앞까지 나와 내게 우산을 받쳐주는 모습을 보고 눈물이 왈칵 쏟아질 뻔했다. 감동의 연속이었다.

#1

원스
溫事

X

따뜻함이 느껴지는 잡화의 추억

타이완은 일기예보가 한 번도 어긋난 적이 없는 것 같다. 비가 내린다고 하면 어김없이 비가 내렸다. 타이위안루(太原路)에서 중산루로 가는 한 시간도 채 걸리지 않는 시간 동안 화창하던 날씨가 갑자기 변하더니 폭우가 쏟아지기 시작했다. 폭우는 무더운 여름날의 뜨거운 열기를 가라앉혀주었고, 그러자 덩달아 내 마음도 차분해졌다. 하지만 쏟아지는 빗줄기에 팔뚝과 샌들을 신은 발이 흠뻑 젖어버려 한기가 느껴졌다. 몰아치는 비바람에 금방이라도 날아가버릴 것 같은 우산을 꽉 움켜쥐고 있었지만 오래 버티지는 못할 것 같았다. 비 피할 곳을 찾아 허둥지둥 길을 건너자 한적한 골목이 나타났고, 모퉁이 쪽에 오래된 목조 건물 하나가 눈에 띄었다. 2층 구조의 목조 건물은 쏟아져 내리는 빗물이 나무 벽면에 스며들어 건물 전체에 얼룩덜룩한 무늬가 생겨나 있었다. 입구의 나무문에는 이 건물과 닮은 귀여운 집 문양이 새겨져 있었고, 그 위에는 팔랑거리며 춤을 추는 듯한 나비 모양의 나무 조각이 붙어 있었다.

문을 열고 안으로 들어서니 짙은 갈색 장식장 위에 잡화들이 쭉 진열된 것이 보였다. 모양은 가지각색이었지만 왠지 질서 정연함이 느껴졌다. 매장 중앙에는 손님들을 배려하기 위해 놓인 듯한 일본식 가죽 소파 하나가 떡하니 자리 잡고 있었고, 소파 뒤에 있는 커다란 원목 테이블 위에는 일본 도예 장인이 만든 도자기가 진열되어 있었다. 매장 가장 안쪽에 놓여 있는 작업 테이블 뒤편에는 면 리

넨 롱스커트를 입은 두 명의 여성과 자그마한 체구의 중년 남성 한 명이 서 있었다. 그중 한 여성이 나를 발견하고는 말을 걸어왔다. "어서 오세요. 필요한 게 있으면 언제든지 말씀해주세요." 그 순간 예전에 얼핏 봤던 기사 내용 하나가 머릿속에 떠올랐다. 그 중년 남성은 타이완의 삽화가이자 잡화 작가인 미리(米力)의 남편 릭(Rick)이었다. 빗속에서 우연히 찾은 이 가게가 바로 미리와 Rick이 함께 운영하는 잡화점 원스였던 것이다.

예전에 나는 원스에 대한 소문을 듣고 미리에 대해 알아본 적이 있다. 집, 화초, 나비 등을 심플하고 깔끔하게 표현해낸 그녀의 화풍이 무척 마음에 들었다. 그녀는 단 몇 번의 붓질로 사람들을 무한한 상상의 세계로 빠져들게 만들었다. 또 자신의 그림에 짧은 시구도 담아 그림을 더욱 따뜻하고 완벽하게 만들어냈다.

그날은 아쉽게도 미리 선생은 부재중이었고 대신에 Rick이 나를 친구처럼 반갑게 맞이해주었다. 그는 먼저 2층으로 나를 안내했는데, 올라가 보니 1960년대의 고택 구조가 그대로 보존되어 있었다. 삐죽하게 솟은 삼각형 모양의 천장에는 알록달록한 빛깔의 목재 스트립을 이어 붙여놓아 마치 나무로 만든 컬러풀한 하늘을 보는 듯했다. 2층은 다양한 작품을 전시하는 공간으로, 내가 방문했을 때도 마침 '먀오니니(妮妮)의 돌집,* 생활&삽화전'이 진행되고 있었다. 꽃과 새가 그려진 작가의 작품들은 산뜻하면서도 고상해 보였고, 작가의 남편이 철사를 구부려 만든 집과 작은 말은 귀엽고 소박한 느낌이 들었다. 간결한 붓놀림으로 그려낸 작품들을 통해 진과스(金瓜石)** 산간지역에서의 그들의 평온한 생활을 조금은 엿볼 수 있었다.

Rick은 원스에서는 매월 다른 테마의 작은 전시회를 개최하는데, 그와 아내인 미리가 함께 기획할 때도 있고 주변 친구들이 추천한 예술작품을 전시할 때도 있다고 내게 말해주었다. 그는 전시회를 보러 몇 명이 오든 상관하지 않는다며, 다만 전시회를 통해 모든 사람이 작가의 생각과 마음을 이해하고 그 속에서 깊은 감동을 느끼길 바란다고 했다.

* 부인 추이리쥔(崔麗君)과 남편 옌카이신(嚴凱信)이 진과스산(金瓜石山)에서 함께 운영하는 공방
** 신베이스(新北市) 루이팡취(瑞芳區)에 있는 탄광 마을로 현재는 관광 명소이다.

1층에서 2층으로 올라가는 길목의 한쪽 벽면에 지금까지 개최했던 전시회의 포스터를 촘촘하게 붙여둔 것이 보였다. 일본 도예 미술, 유리 예술, 염색공예, 골동품, 창작 핸드페인팅 등 주제도 다양했다. '투즈치(土之器): 일본 도자기 속 작은 우주', '100년 전 음악의 재발견: 고전 SP 음반&유성기 특별전', '100년 전 인쇄 도구 활자판&고대 도장 특별전' 등이 예전에 개최된 대표적인 전시회들이다.

1층으로 다시 내려온 후 Rick은 나를 축음기 옆으로 데리고 갔다. 그는 컬러풀한 그림이 그려진 작은 철제 상자에서 뾰족한 바늘을 꺼내 축음기의 헤드 셀에 장착한 뒤 태엽을 돌렸다. 그러자 은은한 음악이 흘러나왔는데, 마치 축음기의 바늘과 에보나이트 음반이 마주 닿은 부분에서 심금을 울리는 선율이 울려 퍼지는 듯했다. 카트리지 바늘 끝이 음반 위의 주름을 따라 천천히 안으로 미끄러져 들어가다가 가장 안쪽 원에 도달하자 노랫소리도 함께 멈췄다. 100년 전의 음악이란 원래 축음기의 바늘과 태엽에 의해 발생하는 소리의 공진이다. 그래서 노래 한 곡이 끝나면 바늘의 수명도 끝나버린다. 미리와 Rick은 축음기가 내는 소리에 심취해서 이미 400~500장 정도의 클래식 음반을 수집했고, 해마다 클래식 음반 특별전을 개최하기도 했다. 100년도 넘은 음반의 재킷 디자인도 볼만하겠지만, 더불어 클래식하고 감동적인 음악을 들을 수 있다면 금상첨화일 것 같았다.

Rick과 한참 이야기를 나누고 있을 때, 커피색 모자에 면 리넨 셔츠를 입은 수수한 모습의 미리 선생이 나타났다. 이 모습만 보면 그녀가 타이완 4대 신문의 삽화가이자 원창 디자인 회사의 광고 기획자 및 잡화 작가라는 사실을 아무도 짐작하지 못할 것이다. 미리와 Rick은 일 때문에 외출하면서 내게 미안한지 귀엽게 생긴 원스 점원에게 나를 잘 보살펴주라고 당부의 말을 해두고 나갔다.

빗줄기는 점점 더 거세져서 그칠 기미가 전혀 보이지 않았다. 폭우가 쏟아지는 밖과는 달리 가게 안은 시간이 멈춘 것만 같았다. 나는 포근함이 느껴지는 이 공간에서 여유롭게 작품을 감상할 수 있음을 다행스럽게 여겼다. 낡은 장식장과 원목 테이블에 진열된 잡화 중 가장 많은 비율을 차지하고 있는 것은 바로 일본 생활 도자기였다. 얼핏 보니 용기의 종류가 너무 많아 하나하나 살펴볼 엄두가 나지 않았다. 하지만 다시 자세히 보니 모든 도자기 옆에 만든 사람과 용기에 대한 간

∧ 온타야키

∨ 일본 오카야마 KINAI 공방에서 만든
　　컬러풀한 도자기 집으로 도토(陶土)
　　로 빚어서 유약을 입힌 것이다.

단한 소개 글이 쓰여 있었다. 소개 글이 없었더라면 일본 도자기에 문외한인 나로서는 도자기마다 나타나는 미세한 차이를 구분해내지 못했을 것이다.

원스 점원은 Rick의 본업이 다도 강사여서 오래전부터 일본 용기들을 수집해왔다고 말해주었다. 평소 Rick과 미리는 일에만 몰두하지만 매년 한 번씩 휴가 기간을 넉넉히 잡아 일본으로 여행을 떠나는데, 그곳에서 민간공예 장인들을 만나거나 마음에 드는 용기를 찾아 곳곳을 돌아다닌다고 한다. 가게에 전시된 용기들은 모두 그들이 무척 아끼는 물건들로 그중 '온타야키(小鹿田燒)'*는 일본 규슈(九州)의 깊은 산속 마을을 뒤져서 고생 끝에 찾아온 귀한 물건이라고 한다.

온타야키에는 작고 섬세한 나선무늬가 촘촘하게 새겨져 있는데, 이것은 일본 도예가의 페이바오(飛鉋) 기법으로 만든 독특한 문양이라고 한다. 성형한 도자기를 물레에 얹어 빠르게 돌리면서 칼날을 살짝살짝 갖다 대면 촘촘한 물결 문양이 생기는데, 칼날을 쥔 손에 힘을 얼마나 주느냐에 따라 문양에 미세한 차이가 나타난다. 이 기법을 가장 먼저 사용한 것이 바로 중국의 자주요(磁州窯)**이다. 하지만 중국에서는 더 이상 이 기법으로 도자기를 만들지 않고, 오히려 일본의 어느 작은 마을에서 300여 년간 전통을 이어온 것이다. 온타야키에 새겨진 오돌토돌한 문양을 살짝 만져보니 공구가 잔뜩 쌓인 방에서 도자기 문양 새기기에 여념이 없는 한 늙은 장인의 손길이 느껴졌다.

원스에서 전시하고 판매하는 모든 물건은 따뜻한 장인의 손길이 느껴질 뿐만 아니라 많은 시간과 정성을 들여 제작한 작품들이었다. 나무로 만든 도장, 먹물을 묻혀 쓰는 유리 붓대, 벽에 걸린 식물 표본화 등 모두 오랜 시간을 거쳐 전해 내려와 마치 세월이 그 물건 속에 층층이 쌓여 있는 것 같았고, 지금도 여전히 사용할 수 있을 정도로 견고해 보였다.

도자기를 진열해둔 전시 공간을 지나 1층의 가장 깊숙한 곳까지 들어가니 도자기 컵과 그릇이 겹겹이 쌓여 있는 작은 탕비실이 보였다. 나는 지금껏 가게를 둘러보면서 왜 이곳은 다른 원창 상점들처럼 매장 안에 전문 커피숍을 열지 않

---

* 일본 규슈 오이타현(大分県) 히타(日田) 지역의 온타야키 도자기 마을에서 만든 도자기
** 중국 허베이성(河北省) 츠저우(磁州)에서 만든 도기

앉는지 궁금했다. 점원은 미리와 Rick이 가게에 있을 때는 항상 손님들에게 차나 커피를 끓여 대접한다고 말하며 운이 좋으면 갓 구운 쿠키도 맛볼 수 있다고 했다. 하지만 애석하게도 나는 먹을 복이 없는 것 같았다. 이런 생각을 하고 있을 때 갑자기 Rick이 가게로 돌아왔다. 그리고 마치 나의 이런 마음을 달래주듯 미리가 직접 그린 엽서 한 장을 선물로 건네주었다.

문득 원스 홈페이지의 메인 화면에 적혀 있던 글귀 하나가 생각났다. "잔잔한 행복감, 정감 있는 도자기, 친절한 고객 응대는 우리가 추구하는 영업 방식입니다. 우리는 매일 열 분만의 특별한 고객을 위해 문을 여는 가게가 될 것입니다. '이치고 이치에(一期一會)'*의 마음으로 열정을 다해 고객들을 응대하고 있으며, 모든 고객이 기쁜 마음으로 이곳을 다녀가길 바랍니다. 원스는 여러분의 마음속에 아름다운 추억을 남길 수 있도록 최선을 다할 것입니다." 원스는 이 말을 다 실현해낸 것 같았다. Rick이 나에게 선물로 준 작은 나비가 그려진 엽서를 볼 때마다 따뜻한 추억으로 남은 원스에서의 일들이 떠오르기 때문이다.

* 일본 다도에서 유래된 말로 '일생에 한 번만 만나는 인연이니 후회 없도록 잘 대접하라'는 뜻이다.

INFO
□ 臺北市中山區中山北路1段33巷6號
□ +886-2-2521 6917
□ 화~토 12:00~19:00 | 일. 월 정기 휴무

2

폭발한 마터우와 튀긴 주리

爆炸毛頭與油炸朱利, Bomb Metal&Fry Jewelry

X

금속공예를 향한 두 여성의 집념

'폭발한 마터우와 튀긴 주리'라는 이름을 어디서 봤는지 기억나진 않지만 정말 멋진 이름이라고 생각한다. 이름만 들었을 때는 성질 나쁜 두 남자가 주인이 아닐까 생각했지만 뜻밖에도 이 가게의 주인은 금속공예와 사랑에 빠진 두 여성이었다. 폭발한 마터우와 튀긴 주리는 홍페이치(洪佩琦)와 차오팅팅(曹婷婷)이 공동으로 창업한 주얼리 스튜디오다. '마터우(毛頭)'와 '주리(朱利)'는 금속(Metal)과 보석(Jewelry)의 영문명에서 따온 것이고, '폭발하다(Bomb)'와 '튀기다(Fry)'는 불로 요리하는 셰프처럼 디자이너가 뜨거운 열정으로 작품을 만드는 것을 상징한다. 혹은 용접할 때 불꽃이 튀는 것처럼 자신들 마음속에 열정의 불꽃이 튀는 것을 표현한 것이라고 한다.

성격 좋고 귀엽게 생긴 두 젊은 여성은 불같은 열정을 작품 속에 담아냈을 뿐만 아니라 오랜 시간 동안 그 열정을 스튜디오에 쏟고 있었다. 2005년 시먼훙러우(西門紅樓)에서 스튜디오를 개업한 이래 현재의 츠펑제로 이전할 때까지 열정을 다해 스튜디오를 운영하고 있다. 이런 영향이 나에게도 미쳤는지 스튜디오를 방문해보고 싶은 강렬한 끌림이 느껴졌다.

중산 지하철역의 서북쪽 출구로 나와 몇 분 정도 걷다 보면 폭발한 마터우와 튀긴 주리 스튜디오를 찾을 수 있다. 건물 차양 위에는 창업자인 홍페이치와 차오팅팅의 머리 모양이 그려진 네온등이 걸려 있었고, 문 앞에는 파릇파릇한 화초

가 심어진 화분이 몇 개 놓여 있었다. 입구 한쪽에는 금속으로 만든 의자가 있었
는데, 의자 등받이에 장식된 망치를 들고 있는 두 여자의 실루엣 조형물이 매우
독특해 보였다. 새하얀 출입문에는 크고 작은 망치 2개를 손잡이처럼 달아놓았
고, 출입문 유리창 위에는 얇은 금속판으로 만든 실루엣 그림을 붙여두었다. 가게
주인을 상징하는 두 여자의 형상으로 각기 다른 공간에서 뚝딱뚝딱 망치질을 하
는 모습이었다. 이런 페이치와 팅팅의 형상은 매장 곳곳에서 찾아볼 수 있다.

　매장 내부는 작은 금속공예품 전시장 같았다. 출입구의 오른쪽 벽면에는 스테
인리스로 만든 나비 조형물이 마치 살아 있는 것처럼 붙어 있었고, 나뭇가지 조
형물 위에는 동편(銅片)으로 만든 작은 새들이 앉아 있었다. 가늘고 메마른 듯한
나뭇가지 조형물은 매장의 흰 벽면과 극명한 대비를 이루었고, 나비와 새들은 나

못가지 끝으로 날아오를 듯한 형상을 하고 있었다. 매장 곳곳에는 다양한 재질의 금속들이 장식되어 있었지만 차가운 느낌보다는 오히려 따뜻한 느낌이 들었다. 아마도 두 여주인이 생활 속에서 체험하고 관찰해온 것들을 온기를 품은 금속으로 만들어 이곳을 금속의 습작 둥지처럼 꾸몄기 때문일 것이다.

매장 한쪽 구석에는 파랗고 하얀 꽃무늬가 그려진 셔츠를 입은 여성이 평온한 모습으로 일에 몰두하고 있었다. 홍페이치인 것 같았다. 말을 걸고 싶었지만 주얼리 수량을 열심히 맞춰보고 있는 듯해서 일이 끝날 때까지 참고 기다리기로 했

다. 그동안 스튜디오에 진열된 작품들을 천천히 둘러보았다. 작품이 그리 많지 않아서인지 하나하나 충분히 간격을 유지한 채 듬성듬성 놓여 있었다. 예전에 인터뷰 기사에서 홍페이치와 차오팅팅이 이곳을 '작품이 호흡하는 공간'이라고 언급했던 말이 떠올랐다. 그리고 이곳에서는 각기 다른 매력을 뽐내는 작품들, 예를 들면 낡고 오래된 테이블과 의자, 홍목(紅木)으로 만든 주얼리 진열장, 금속 트레이와 목조 마네킹 등을 전시 도구로 활용하고 있었다.

홍페이치가 디자인한 한 은(銀) 장신구 세트에는 '바이(白)'라는 이름이 붙어 있었다. 그녀가 만든 목걸이나 반지, 귀걸이에 꽃송이 문양이 들어가서 전체적으로 보면 작은 꽃들이 막 피어난 것 같다고 해서 붙여진 이름이다. 장신구 속에서 환하게 피어난 매화나 벚꽃 문양은 매혹적일 뿐만 아니라 꽃이 만개했을 때 뿜어져 나오는 향기까지 나는 듯했다. 차오팅팅이 디자인한 '쌍성(雙生)'이라고 불리는 주얼리 세트 역시 은으로 만든 것이었다. 꽃을 모티브로 디자인한 것인데, 크기가 다른 꽃잎들에서 자유분방함이 느껴졌다. '부드러움과 강인함 속에서 기개와 힘이 생겨난다'라는 디자이너의 창작 의도가 잘 드러난 작품이었다. 두 사람 모두 꽃을 표현했지만 작품 속에 드러난 의미는 서로 달랐다. 같은 테마의 작품이라도 디자이너의 개성에 따라 완전히 다른 작품이 창작되는 것이다.

페이치와 팅팅이 합작해서 만든 작품 가운데 타이완에 있는 동물들을 본떠서 만든 작품은 이미 세간의 호평을 받았다. '타이완 흑곰' 모양의 디자인은 장미를 든 채 실눈을 살짝 뜨고 있는 모습이어서 무척 천진난만해 보였다. 그리고 자그마한 얼굴에 긴 꼬리가 달린 '타이완 원숭이'는 재빨라 보이는 동작을 하고 있었고, 튼실해 보이는 '토종견'은 머리를 꼿꼿이 쳐들고 주인을 애타게 기다리고 있는 모습을 하고 있었다. 이런 귀여운 동물 모양 디자인을 목걸이 펜던트나 반지, 브로치 등에 사용하면 잘 어울릴 것 같았다. 이외에도 짙은 파란색 깃털에 길고 아름다운 꼬리가 달린 '타이완 긴 꼬리 까치'는 고온에서 구운 법랑으로 만들어져 색감이 다채롭고 섬세해 보였다. 이 까치 모양 장신구는 나뭇가지에 앉아 있거나 날개를 펴고 날아가려는 듯한 모습을 하고 있어서 더욱 생동감이 느껴졌다.

홍페이치가 잠시 하던 일을 멈춘 것을 보고 이때다 싶어 그녀에게 다가가 가

게를 운영할 때 어떤 어려운 점이 있는지 그리고 그것을 어떻게 극복하는지 캐물었다. 그러자 홍페이치는 당황한 기색 없이 친절하게 답해주었다. 창업 초기에는 경제적으로 힘든 일이 많아 가족의 도움을 받을 수밖에 없었지만 고맙게도 가족과 친구들은 싫은 내색을 전혀 하지 않고 줄곧 그녀들을 응원해주었다고 한다. 그리고 그녀는 처음 이 가게를 열 때 한 가지 굳게 결심한 것이 있는데, 바로 작품을 전시할 곳이 마땅찮은 금속공예가들을 위해 자신의 가게를 전시 공간으로 내주자는 것이었다고. 다행히 그녀의 결심은 지금까지도 잘 지켜지고 있었다. 홍페이치는 여태껏 가게를 운영하면서 힘든 일도 많았지만, 무엇보다 작품을 만드는 즐거움으로 모든 어려움을 극복할 수 있었다고 말했다.

　나는 홍페이치에게 금속공예에 대한 지식이 전혀 없는 사람이 금속공예를 배울 수 있는지 진지하게 물어보았다. 그녀는 곰곰이 생각하더니, 금속공예는 결코 쉬운 작업이 아니라고 운을 떼면서 금속공예에 대한 대중의 인식을 먼저 거론했다. 사람들의 일반적인 생각처럼 금속공예는 금이나 백금으로만 만드는 것이 아니라 동(銅)이나 철, 알루미늄으로도 만들 수 있다고 한다. 공예 또한 종류가 다양해서 전문적인 금속공예 장인이 되려고 하는 것인지 아니면 취미로 하려는 것

인지 잘 생각하고 체험해본 후 결정해야 한다고 말했다. 잠시 대화를 나눠보았을 뿐이지만 그녀의 담대한 모습에서 자기 일에 대한 고집이 느껴졌다. 무엇보다 훙페이치를 통해 그것이 사업이든 생활이든 완벽하게 빠져들어야만 그 일을 오래 할 수 있다는 것을 알게 되었다.

INFO

☐ 臺北市大同區承德路2段1巷27號

☐ +886-2-2552 5931

☐ 화~일 13:30~21:30 | 월요일 정기 휴무

3

샤오치

小器

X

그릇에 새 주인을 찾아주는 인연의 장

이곳을 처음 발견했을 때 가게 유리문 앞에 드리워진 옅은 베이지 컬러의 밸런스 커튼이 가장 먼저 눈에 들어왔다. 커튼을 자세히 보니 한쪽 구석에 '小器'이라는 두 글자가 쓰여 있었다. 새하얀 벽과 나무 바닥재로 꾸며진 내부는 깔끔하고 편안한 분위기였다. 작은 매장 안에는 냄비, 그릇, 컵, 쟁반에서부터 젓가락, 커피포트까지 다양한 생활용품들이 저마다의 주인을 기다리듯 얌전히 진열대 위에 놓여 있었다.

밸런스 커튼 위에 쓰인 글자를 자세히 들여다보니 '치(器)'자 가운데에 있어야 할 점이 보이지 않았다. 샤오치 안주인이 점이 찍힌 '치'자는 그릇이 우는 표정을 짓는 것처럼 보여 점을 아예 지워버렸다고 한다. 그릇을 향한 그녀의 애정 어린 마음이 느껴졌다. 이것이 샤오치를 마주한 나의 첫인상이었다.

샤오치의 안주인은 예전에 일본에서 한동안 머물면서 공연문화 및 출판사업에 종사했다고 한다. 당시 그녀는 업무로 바쁜 와중에도 생활에 필요한 그릇들은 꼼꼼하게 골라서 쓸 정도로 그릇에 대한 열정이 가득했다. 타이베이로 돌아온 후에는 일본에서 사용했던 것과 같은 그릇을 구할 수 없어 허탈감마저 느꼈다고 한다. 이것이 바로 현재의 샤오치가 존재하게 된 이유이다. 그녀는 가게 이름처럼 소소한 생활 용기들이 사람들에게 따뜻하고 편안한 느낌을 주기를 바랐다. 그래서 사람과 그릇이 해후할 수 있는 공간을 만들어 그릇들이 제 주인을 찾아갈 수

있게 옆에서 도와주고 싶었다고.

법랑으로 만든 츠키 우사기(月兔印, Tsuki-Usagi) 핸드드립 커피포트의 앤티크한 디자인은 매우 우아해 보였다. 커피포트의 몸체에서 주둥이까지의 라인은 날렵해 보이기까지 했다. 수작업으로 도금한 법랑 표면에는 밝은 광채가 뿜어져 나왔고 손에 느껴지는 촉감도 부드럽고 산뜻했다. 장식용뿐만 아니라 생활 용기로 사용해도 좋을 것 같았다. 다른 진열대 위에 놓인 남부 철기(南部鐵器)는 일본 이와테현(岩手縣)과 모리오카현(盛岡縣)에서 가져온 것이라고 한다. 400년의 역사를 지닌 이 철기 제품들은 꽤 묵직해 보였지만 디자인은 심플하고 소박했다. 철 주전자의 표면에는 오돌토돌한 도트 무늬가 새겨져 있고, 색상은 일반적인 짙은 블랙과 과하게 밝지 않은 핑크, 인디고, 브라운 컬러였다. 점원의 말에 따르면, 철기 제품 하나를 제작할 때 대략 60여 차례의 공정을 거치는데, 특히 표면에 특수한 도료를 두 겹으로 발라야 지금 우리가 보고 있는 이런 아름다운 컬러를 얻을 수 있다고 한다.

일본 도예가 가고시마 마코토(鹿兒島睦, Kagoshima Makoto)가 디자인한 그릇들은 생활 용기라기보다는 회화 작품에 가까웠다. 쟁반, 접시, 컵, 그릇 위에 어린이 취향의 동물과 화초 그림이 그려져 있지만 전혀 유치해 보이지 않았고, 컬러도 흔

히 볼 수 있는 단색에서 벗어난 것들이 많았다. 그가 만든 그릇에 음식을 담아낼 때는 플레이팅에 신경을 많이 써야 그릇의 진면모가 잘 드러날 것 같았다. 하지만 플레이팅에 자신이 없더라도 걱정할 필요는 없다. 주방에 그릇을 갖다놓고 지나다니다가 힐끗 쳐다만 봐도 뿌듯한 마음이 들 것이기 때문이다. 이외에도 일본의 전통 기술과 현대의 실용성을 결합시킨 아즈마야(東屋, Azmaya)의 그릇들도 눈에 띄었다. 예술가 타치바나 후미노(立花文穗, Tachibana Fumio)와 합작해서 인판(印判)* 기법으로 제작한 젓가락 받침대에는 일본 전통 복식의 각종 문양이나 자연을 모티브로 한 그림이 그려져 있었다.

매장 안에 진열된 그릇은 모두 안주인이 까다로운 기준으로 선별해 들여온 것이라서 그런지 하나같이 내 눈길을 사로잡았다. 예쁜 그릇을 정신없이 구경하며 사진을 찍다 보니 두 시간이 훌쩍 넘어버렸다. 하지만 가게 주인은 이런 나를 단 한 번도 제재하지 않았다. 가게 이름은 '샤오치(小器)'**였지만 주인은 전혀 '인색(小氣)'하지 않은 것 같았다. 덕분에 매장 구석구석과 그릇의 세세한 부분까지도 모두 렌즈에 담을 수 있었다. 타이완에서 여러 가게를 다녀봤지만 대부분은 사진 촬영을 금지했다. 자신이 만든 공예품을 보호하기 위해서이기도 하고 디자인의 도용을 막기 위해서이기도 했다. 이런 가게 주인의 마음은 충분히 이해하지만 서운한 건 어쩔 수 없다. 그래서 가끔 샤오치처럼 넓은 아량을 가진 주인을 만나면 무한한 감사의 마음이 든다.

2012년에 1호점인 중산점을 막 개업했을 당시, 샤오치의 안주인은 페이스북에 가끔 '안주인의 시시콜콜한 잔소리'라는 제목의 글을 올렸다. 안주인은 이 글에서 물건의 가격 책정 방식을 숨김없이 공개했다. 예를 들면 '일본 공식 판매가의 120%임, 포장비+화물세+영업세+운송비 20% 포함' 등과 같은 것이다. 샤오치에서 판매하는 물건들의 가격은 절대 만만치 않다. 하지만 물건을 제작할 때 쏟는 정성과 정직하게 공개한 가격 책정 과정에서의 이윤을 생각하면 절대 비싼 것이 아니다. 그리고 이곳에서는 자신이 원하는 물건을 꼼꼼하게 따져보며 고를

* 인쇄를 통해 밑그림을 그리는 것
** '인색하다'라는 뜻의 '샤오치(小氣)'와 발음이 같다.

수 있어서 물건을 구매하고 나면 그 물건의 진정한 주인이 된 듯한 기분이 들 것이다.

아직 기회가 없어 안주인과 이야기를 나눠보지는 못했지만 이곳을 한 번이라도 와본 손님은 생활 용기에 대한 그녀의 집념과 야심을 이미 눈치챘을 것이다. 여기서 말하는 그녀의 '야심'이란 자신이 좋아하는 명물을 더 많은 사람에게 소개해서 알리는 것을 말한다. 이러한 야심은 열정적으로 사업을 확장해나가는 그녀의 모습에서도 확인할 수 있다. 그녀는 샤오치 중산점을 개업한 것에 만족하지 않고 샤오치 갤러리(小器藝廊), 샤오치 식당(小器食堂), 츠펑 28(赤峰28) 등 츠펑제에 끊임없이 새로운 분점을 개설해서 자신의 야심을 실현하고 있다.

샤오치 갤러리는 중산점 바로 맞은편에 자리 잡고 있었다. 갤러리에 막 도착했을 때 입구에 세워진 새빨간 오토바이가 나의 마음을 사로잡았다. 갤러리 내부는 그리 크지 않았고 인테리어도 샤오치 중산점처럼 밝고 깔끔했다. 오픈형 구조에 전시된 생활 용기들은 저마다의 자태를 뽐내며 놓여 있었다. 생활 용기는 제작하는 방식에 따라 세 가지로 구분된다. 첫째는 주형 성형으로 공장에서 대량 생산된 것을 말한다. 둘째는 우리가 흔히 말하는 민간공예로 지방의 요장(窯場)에서 여러 직공이 모여 수작업으로 제작한 것을 일컫는다. 전 과정이 모두 수작업으로 진행되기 때문에 생산량이 많지 않고 생산 속도 또한 느리다. 셋째는 장인이 만든 것으로 제작 방법과 스타일이 저마다 달라서 작품을 보면 어느 장인이 만든 것인지 금방 알아챌 수 있다. 샤오치가 민간공예품을 소개하고 판매하는 공간이라면, 샤오치 갤러리는 각기 다른 스타일로 제작된 도자기 장인들의 작품을 전시하고 판매하는 공간이다. 특히 샤오치 갤러리에서는 노점에서 만든 재미있는 작품을 전시하거나 유명한 요장에서 만든 걸출한 작품을 전시하기도 한다.

샤오치 식당에서는 정통 일본 요리와 어울리는 그릇 세트를 사용해서 식당을 찾는 손님들에게 음식과 함께 그릇도 소개하는 일거양득의 효과를 거두고 있다. 그리고 샤오치 식당 옆에 있는 5층짜리 낡은 건물에 입점한 츠펑 28은 샤오치의 최신 라이프스타일을 제안하는 역할을 하고 있다. 1층에는 일본 꽃꽂이 강사인 료 타카코(領貴子, Ryo Takako)가 운영하는 꽃집이 있고, 2층에는 라이프스타일 용품

기획자인 고바야시 카즈토(小林和人, Kobayashi Kazuto)가 설립한 일상 디자인 연구소가 있다. 3층에는 일본의 유명한 도자기 브랜드 숍이 있고, 4층은 다용도 공간으로 사용하고 있다. 샤오치 분위기가 물씬 풍기는 이 츠펑 28을 발견하게 된 것은 샤오치 식당의 음식을 맛보러 두 번째로 방문했을 때였다. 하지만 아쉽게도 영업이 끝날 무렵이라 매장을 둘러볼 수 없었다. 애처로운 표정으로 불 꺼진 쇼윈도 앞에 서서 나중에 꼭 다시 오겠다는 다짐을 하고 묵묵히 발걸음을 돌릴 수밖에 없었다.

올여름 샤오치를 다시 찾았을 때 샤오치 중산점은 이미 젠청 공원(建成公園) 옆으로 옮겨간 후였고, 가게 이름도 샤오치 궁웬점(小器公園店)으로 바뀌었다. 그리고 원래 중산점이 있던 자리에는 샤오치 메이주우(小器梅酒屋)가 입점해 있었다.

INFO
샤오치 궁웬점

☐ 臺北市大同區赤峰街29號

☐ +886-2-2552 7039

☐ 월~일 12:00~21:00

―

샤오치 메이주우

☐ 臺北市大同區赤峰街17巷7號

☐ +886-2-2559 6852

☐ 월~일 12:00~21:00

―

샤오치 갤러리

☐ 臺北市大同區赤峰街17巷4號

☐ +886-2-2559 9260

☐ 월~일 12:00~20:00

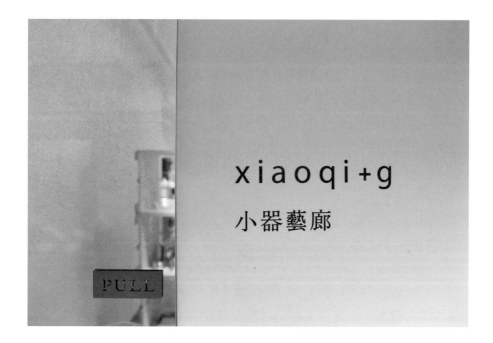

샤오치 식당

☐ 臺北市大同區赤峰街27號

☐ +886-2-2559 6851

☐ 월~일 11:30~15:00, 17:30~21:00

샤오치 츠펑 28

☐ 臺北市大同區赤峰街28-3號

☐ +886-2-2555 6969

☐ 월~일 12:00~20:00

4

타이완 하오, 뎬
臺灣好, 店, Lovely Taiwan Shop

X

타이완의 아름다움은 '짜이디(在地)'로부터

모구 중산점 바로 옆 2층 건물에는 원창 핫플레이스로 떠오르고 있는 타이완 하오, 뎬이 있다. 입구의 커다란 철판 문틀 위에는 대나무로 만들어진 '臺灣好, 店'이라는 상호가 반듯하게 붙어 있었다. 이곳은 획일화된 상품을 취급하는 모구와는 달리 각 지역의 특색 있는 다양한 수공예품을 선보이고 있었는데, 원목으로 만든 유선형 탁자와 원탁 그리고 크고 작은 스툴을 진열대로 사용해서 자연 그대로의 시골 분위기를 연출하고 있었다.

매장 안에서 가장 먼저 눈에 띈 것은 진열대 위에 한 줄로 쭉 늘어 서 있는 고양이 조각상이었다. 소나무로 만들어진 이 고양이 조각상에는 눈, 코, 입이 없어 보는 사람들에게 재미난 상상력을 불러일으켰다. 표면은 색을 칠하지 않아 나뭇결이 그대로 드러나 있어 윤이 나면서도 매끄러워 보였다. 진열대를 다시 쭉 훑어보니 타이완 흑곰, 개구리, 하마, 토끼, 부엉이, 딱따구리 등 다양한 동물 조각상이 마치 살아 움직이는 듯한 모습으로 놓여 있었다. 원목으로 만든 동물 조각상 중에는 귀여운 오리 조각상도 있었는데, 그중 채색된 청둥오리 조각상이 가장 눈에 띄었다.

갑자기 호기심이 생긴 나는 점원에게 이 조각상들이 어느 스튜디오에서 만들어진 것인지 물어보았다. 그러자 점원은 먀오리현(苗栗縣) 싼이향(三義鄉)에 있는 야샹바오(壓箱寶)에서 만든 작품이라고 말했다. 내가 고개를 갸웃거리며 야샹바

오라는 이름이 정말 특이한 것 같다고 하자 단발머리를 한 점원 언니가 이름에 대해 자세히 설명해주었다. 야샹바오는 원래 나무 오리 조각상을 수출하는 공장으로 '야(壓)'는 오리를 나타내는 '야(鴨)'와 발음이 같아서 붙여진 이름이라고 한다. 게다가 나무 오리 조각상이 그 지역의 주요 특산품이어서 야샹바오라는 특이한 이름이 붙여지게 된 것이라고 덧붙였다. 그래서 이전에는 쌍펑 무야 공장(雙峰木鴨工廠)이라고 불렀는데 나중에 야샹바오라고 고쳐 부르게 되었다고 한다. 내가 조금 전에 보았던 조각상은 디자이너와 합작해서 만든 작품으로, 타이완 동물들의 형상을 목조 조각으로 만든 것이다. 타이완 흑곰 조각상이 비교적 많은 사랑을 받고 있으며 팔색조나 푸른 배 앵무새도 인기 있는 조각상 중 하나라고 한다.

　친절하게 설명해준 점원에게 고맙다는 인사를 하고 계속해서 다른 구역을 둘러보았다. 그러다가 한쪽 구석에서 나무 방울을 발견하고는 뛸 듯이 기뻤다. 예전에 루이팡(瑞芳)이라는 작은 마을에 있는 수이난둥(水湳洞)을 여행할 때 그곳에 있

는 산청메이관(山城美館)에서 이 나무 방울을 본 적이 있기 때문이다. 수이난둥은 지우펀(九份)에서 차로 몇십 분 정도 떨어진 곳에 있는데, 시끌벅적한 지우펀과는 달리 매우 조용한 분위기였다. 한적한 수이난둥의 산기슭에 몇몇 예술가가 모여 산청메이관을 설립했고, 이곳에서는 인양하이(陰陽海)의 황금 물빛과 푸른 물빛 이 교차하는 신비로운 해안선이 내려다보였다. 예술가 아뉘(阿諾)가 디자인한 이 나무 방울이 그때의 아름다운 추억을 되살려주었다.

예전에 황진산청(黃金山城)은 석탄 산업이 발달한 곳이었다. 당시 그곳 광부들 은 허리춤에 나무 방울을 차고 다녔는데, 집에서 그들을 기다리던 아내와 가족들 은 멀리서 방울 소리가 들리면 무사히 채굴을 마치고 귀가하는 가장을 맞이하러 달려나갔다고 한다. 이곳에서 그때 본 나무 방울을 다시 보게 될 줄은 꿈에도 몰 랐다. 나무 방울은 주로 노송나무, 녹나무, 설송, 향삼나무 등 타이완에서 자라는 나무로 제작되었고, 어떤 나무로 만들어졌는지에 따라 방울에서 각기 다른 나무 향이 났다. 나무 방울 가운데에 들어가는 구슬도 단단한 상사목(相思木)으로 만들 어져 방울을 흔들면 나무끼리 부딪히면서 둔탁한 소리를 냈다. 해 질 무렵 저 멀리 서 들리는 나무 방울 소리는 일에 지친 광부가 곧 집으로 돌아온다는 신호였다.

타이완 하오, 뎬 1층에는 타이완의 여러 소도시에서 공수해온 수공예품 외에 소수민족 마을에서 만든 전통 수공예품도 있었다. 먀오리현 타이야족(泰雅族) 샹 비(象鼻) 마을의 마름모 문양 직물, 핑둥현(屏東縣) 싼디먼향(三地門鄉) 파이완족 (排灣族)의 다채로운 유리구슬, 타이둥현(臺東縣) 베이난족(卑南族) 스성(石生) 마을 의 채색석 장신구, 화롄현(花蓮縣) 아메이족(阿美族) 차오비(草鼻) 마을의 석기 토 템 장신구, 화롄현 가마란족(噶瑪蘭族)이 바나나 나무껍질로 만든 밀짚모자 등이 대표적이다. 이 수공예품들은 각 소수민족 마을의 전통문화와 전설을 간직한 채 이곳에 전시되어 있었다.

쩌우족(鄒族) 출신의 부우(不舞)에 관한 이야기와 그녀가 만든 산주(山豬)* 디 자인은 감탄사가 절로 나올 정도로 매우 훌륭했다. 어릴 적 타이베이에서 자란

* 산돼지

부우는 이후에 다시 가족과 함께 고향 마을인 아리산(阿裏山)의 라이지(來吉)로 돌아오게 되었다고 한다. 산주는 라이지 마을의 수호신이었고 마을에는 산주 왕자와 쩌우족 공주 사이의 사랑 이야기가 전설처럼 전해 내려오고 있었다. 부우는 그 전설 속 산주의 모습에서 영감을 얻어 산주 디자인 도안을 만들어냈다. 강렬한 레드, 화이트, 블랙 컬러를 기본으로 한 산주 디자인은 나무 장식품, 열쇠고리, 머그잔 등에 사용되어 독창적인 작품으로 재탄생했다.

매장 안에 있는 각종 수공예품을 구경하면 할수록 이곳의 창업 스토리가 궁금해지기 시작했다. 해답은 뜻밖에도 벽에 붙어 있는 홍보 포스터 속에서 찾을 수 있었는데, 그곳에는 이런 글이 쓰여 있었다.

"타이완 하오, 뎬은 타이완 하오 재단(臺灣好基金會)이 공정무역(Fair Trade) 추구를 위해 설립한 플랫폼의 일환이다. 이곳 상품들은 모두 지역 사회나 지방의 작은 마을에서 직접 공수해온 것으로 지역민의 정성이 그대로 담겨 있다. 현지에서 생산된 재료로 현지인들이 직접 만든 이 상품은 세상에서 단 하나뿐인 당신만의 작품이 될 것이다. 그리고 이곳의 상품은 1인 노령화 가구가 많은 지역 사회나 농촌 지역에서 만들어진 것이다. 고향을 지키려는 노인들과 청년들의 손으로 만들어져 고향의 정(情)이 듬뿍 녹아 있을 뿐만 아니라 수작업만을 고집하는 그들의 강인한 장인 정신도 깃들어 있다. 이곳에 오면 코로 자연의 흙 내음을 맡을 수 있고, 눈으로 오랫동안 축적된 뛰어난 세공 기술을 볼 수 있으며, 손으로 심혈을 기울여 제작한 노력의 결정체도 만져볼 수 있을 것이다."

타이완 사람들은 '짜이디(在地)'*라는 말을 무척 좋아한다. 당신이 타이베이나 타이완의 어느 마을에 가더라도 그곳 사람들의 입을 통해 짜이디라는 말을 자주 들을 수 있을 것이다. 먹는 것을 중요시하는 사람이라면 '짜이디 식품'이라는 말에, 여행을 즐기는 사람이라면 '짜이디 여행'이라는 말에 귀 기울이게 된다. 문화 역시 '짜이디 문화'에 관심이 가기 마련이다.

예전에 나는 '짜이디'를 흔히 말하는 고향의 의미 정도로 생각했다. 하지만 타

* 본고장에서 나고 자란 것을 의미한다.

이완 하오, 덴의 창업 스토리를 통해 타이완 사람들의 짜이디에 대한 집념과 짜이디 문화에 대한 심경을 이해하게 되면서 그 진정한 의미를 알게 되었다. 짜이디는 일종의 정신이다. 타이완 본고장의 터와 문화 속에 깊숙이 침투해 그 속에서 발굴해낸 정수만을 모아 서서히 배양시킨 다음, 여기에 창의적인 요소를 주입한 것이 바로 '짜이디'인 것이다. 짜이디 문화를 발전시키기 위해서는 타이완 하오, 덴처럼 끊임없이 각 지역의 수공예품들을 도입해서 되살려야 한다. 그래서 타이완 하오 재단 창립자인 커원창(柯文昌) 선생은 '타이완의 진정한 아름다움은 짜이디에서 비롯된다'라고 모두에게 상소하고 있나.

INFO

□ 臺北市大同區南京西路25巷18-2號

□ +886-2-2558 2616

□ 월~일 12:00~21:00

□ http://www.lovelytaiwan.org.tw/

#5

'0416×1024

×

진솔하게 표현한 집과 사랑에 관한 주장

'0416×1024? 이 숫자는 도대체 무엇을 나타내는 걸까?

깊게 생각할 필요가 없었다. 이 숫자들은 단순히 가게를 설립한 0416과 무징산(木京杉)의 생일을 곱한 것이었다. 서로의 생일을 곱한 이유는 그들의 무궁무진한 역량과 가능성을 숫자로 표현하기 위한 것이라고 한다.

두 사람은 원래 그래픽 디자인과 광고업계에서 일하던 사나이들로, 일을 그만둔 후 직접 티셔츠를 제작해서 이 사업에 뛰어들었다고 한다. 초창기에는 타이베이 각 지역의 시장 노점에서 티셔츠를 판매했고, 그 후 자신들만의 브랜드로 발전시킨 것이다. 그들은 시먼훙러우에 1.9m² 남짓한 작은 매장을 마련하고 나서 자신들이 디자인한 티셔츠 도안을 들고 직접 공장을 찾아다니며 제작을 의뢰했다고 한다. 매장 관리와 제품 제작을 동시에 도맡아 하면서 7, 8년의 세월을 보냈고 그 결과, 중산루에 라이프스타일숍을 개업할 수 있게 되었다. 그 후 그들은 중산점에 이어 청핀성휘 쑹옌점(誠品生活松菸店)에도 자신들의 브랜드를 입점시켰다. 두 사람은 창의적인 아이디어로 사람들에게 사랑받는 디자인 제품을 만들어냈을 뿐만 아니라 자신의 힘으로 원창 브랜드를 설립한 청년 창업가로서 타이완 젊은이들 사이에서 귀감이 되었다. 그래서 나는 더욱더 그들의 디자인에는 어떤 특별한 점이 있는지 알아보고 싶은 호기심이 생겼다.

'0416×1024는 중산루 눙항(弄巷)에 자리 잡고 있는데, 이곳은 타이베이 문화

의 랜드마크인 광덴성훠(光點生活)에서 몇 걸음만 가면 바로 나오는 중정취(中正區)의 핵심 지역이다. 가게 외부에는 나무와 화초로 꾸며진 작은 정원이 있었다. 특히 하얀 강아지를 집 형태로 형상화해서 만든 조각상이 눈에 띄었는데, 가게 입구에 서서 손님이 오기를 눈이 빠지게 기다리고 있는 듯한 모습이었다.

매장 안으로 들어가려고 하자 얼굴이 동글동글한 여자 점원이 친절하게도 대신 문을 열어주었다. 나중에 그녀가 중산점의 매니저인 샤오 C(小C)라는 것을 알게 되었다. 태풍의 위력이 사그라지지 않은 채로 날은 저물었고, 클로징 시간이 다가오자 붐볐던 매장이 조용해지기 시작했다. 그러자 샤오 C는 매니저라는 직책을 잠시 내려놓고 나를 위해 가이드로 변신해 매장 곳곳을 안내해주었다.

가장 먼저 눈에 띈 것은 시멘트로 꾸며진 내부 인테리어였다. 매장 안의 바닥과 벽이 모두 시멘트 재질로 처리된 것을 보니 시멘트에 대한 가게 주인의 무한

한 사랑을 눈치챌 수 있었다. 매장 안 내추럴한 그레이톤의 색감이 차갑다기보다는 오히려 깨끗한 느낌을 주었고, 차분한 분위기의 인테리어는 진열된 티셔츠, 문구, 기타 디자인 용품들을 더 두드러지게 하기에 충분했다.

매장 곳곳에는 어릴 적 추억이 깃든 자전거와 전자 오르간 그리고 1980, 90년대 어느 가정집에서 사용한 듯한 옷장과 서랍장이 놓여 있었다. 아마도 어릴 적 추억을 떠올리게 하는 감성 인테리어를 추구한 것 같았다.

또 널찍한 내부 공간 안에 하얀 집 2개를 설치했다는 것이 특이했다. 이렇게 집 속에 또 다른 집을 만든 까닭은 '집은 모든 것을 포용한다'라는 개념을 전달하기 위해서라고 한다. 그중 하나는 탈의실처럼 꾸며져 있었는데, 탈의실 안에 있는 의자 위에는 천으로 만든 인형이 하나 놓여 있었다. 마치 자신의 집 거실에 누운 것마냥 편안해 보여 이곳에서는 혼자 옷을 갈아입더라도 무섭거나 외롭지는 않을 것 같았다. 또 다른 집에는 책상과 스탠드가 놓여 있어서 서재처럼 보였는데, 사실 이곳은 미니 전시홀로 사용되는 곳이라고 한다. 때마침 '쿠션 위의 작은 카니발'이라는 창작전이 진행되고 있었다. 전시회의 작가는 번뎬(本店)으로 가게 주인들의 친구라고 한다. 전시홀에는 다양한 작품들이 독특한 형태로 전시되고 있

∧　집 속의 집, 미니 전시홀

었는데, 생김새가 특이한 쿠션 형태의 인형이 변기 위에 앉아 있거나 인형 몸통에서 꽃이 자라나 있기도 했다. 혹은 입을 쩍 벌리고 있는 고래 입속에 멍하니 서 있는 인형도 있었다. 마치 어젯밤 꿈속에서 본 듯한 장면들이 눈앞에 펼쳐지는 것 같았다. 샤오 C의 말에 따르면, 두 주인은 자신과 다른 성향의 예술가들을 초청해서 기발한 아이디어로 작은 전시홀을 꾸며 손님들에게 매번 새로운 구경거리를 제공해주고 있었다.

'0416×1024의 주력 상품은 티셔츠였다. 하지만 티셔츠에 그려진 카툰(Cartoon) 프린트는 썩 예뻐 보이지 않았고, 심지어 어떤 것은 괴상해 보이기까지 했다. 그래서 티셔츠를 처음 봤을 때 언뜻 손이 가지 않았지만 샤오 C의 세세한 설명을 들으니 두 디자이너의 창작 의도를 조금은 이해할 수 있었다. 아마 티셔츠에 담긴 뜻을 알고 나면 모두 그들의 섬세한 감성과 긍정적인 에너지를 느끼게 될 것이다.

러유유(樂油油) 계열 디자인은 블랙과 화이트 컬러로 대비를 이룬 사람 형태의 두 캐릭터가 주인공이다. 두 캐릭터는 '내 곁에 있어 줘서 고마워'라고 말하는 듯 서로를 격려하는 모습으로 디자인되었다. 마치 우리에게 가족이나 친구들과 가깝게 지내고 늘 감사하는 마음을 갖도록 일깨워주는 것처럼 말이다. 하오스 화성(好事花生)*은 하오스 파성(好事發生)**과 발음이 비슷해서 붙여진 이름이다. 살짝 미소 짓고 있는 화성 선생(花生先生)*** 캐릭터가 프린트된 티셔츠를 입으면 덩달아 기분도 밝아질 것 같았다.

메이멍 청전(美夢成眞)과 하오스 둬모(好事多獏) 티셔츠에는 주변에서 보기 어려운 말레이맥이 그려져 있다. 말레이맥은 긴 코에 작은 귀가 달린 묘하게 생긴 동물로, 둥글둥글한 몸통 위에는 마치 앞치마를 두른 것처럼 흰 털이 나 있고 나머지 부분은 모두 검은색을 띠고 있다. 샤오 C는 나에게 전설 속 말레이맥은 사람들의 악몽을 먹어치워 나쁜 운을 막아준다고 했다. 하지만 행운을 불러일으킨

* '하오스(好事)'는 '좋은 일, 경사'를, '화성(花生)'은 '땅콩'을 의미한다.
** '좋은 일이 생기다'라는 뜻이다.
*** '미스터 피넛'이라는 뜻으로 하오스 화성의 메인 캐릭터이다.

다는 말레이맥 티셔츠는 되레 사람들에게 고민거리를 던져주었다. 말레이맥 같은 수호신에게만 의지하고 스스로가 노력하지 않는다면 진정한 꿈은 이루어지지 않을 것이라는 생각이 들었다. 뜻대로 되지 않는 일이 있더라도 스스로 맞서 싸워야 '아름다운 꿈(美夢)'이 '진실로 이루어지는 것(成眞)'이다.

'0416×1024에서는 카툰 도안을 응용해서 만든 티셔츠, 문구, 우산, 스티커, 열쇠고리, 쇼핑백, 물컵 이외에도 칭수이모(淸水模)* 공법을 이용해서 만든 색다른 스타일의 수공예품 시리즈를 선보이고 있다. 이 시리즈가 등장하게 된 것은 가게 주인 부징산에 의해서였다. 화초 기우기가 취미였던 그는 자신이 키운 화초에 어울리는 화분을 찾지 못하자 아예 직접 만들게 되었다고 한다. 그는 식물의 선명한 색채를 더욱 돋보이게 하려고 일부러 칙칙해 보이는 시멘트를 주재료로 선택해서 화분을 만들었다. 그리고 화분에 이어 '집'의 개념을 창작의 축으로 한 인테리어 소품들도 개발했다. 이 소품들은 시멘트의 질감을 그대로 살린 공법으로 전

---

* 일종의 모던 건축 공법으로 치장 콘크리트라고도 한다. 콘크리트를 반죽해서 틀을 잡은 후 색을 칠하거나 타일을 붙이는 등의 장식을 전혀 하지 않은 것이다.

과정을 수작업으로 진행했고, 화려한 컬러나 복잡한 무늬를 전혀 넣지 않아 심플하고 깔끔해 보였다. 그는 작품 속에 집에 대한 이해와 사랑을 가득 담았고 이 작품을 사용하는 사람들이 작은 감동이라도 받을 수 있게 되기를 바란다고 했다.

류이잔덩(留一盞燈) 스탠드는 아무 장식이 없는 길쭉한 집 모양을 하고 있었다. 스위치를 켜면 열려 있는 문틈으로 불빛이 내비쳤다. 마치 어릴 적 밤늦게 집으로 돌아오는 가족들이 온기를 느낄 수 있도록 등불을 하나 켜두고 잠드신 외할머니의 마음처럼 포근함이 느껴졌다. 나는 아직도 이런 어릴 적 기억이 습관처럼 남아 있다. 그래서 어두운 밤 집으로 돌아왔을 때 집 안이 쓸쓸해 보이는 것이 싫어 스탠드 하나씩은 꼭 켜두고 다닌다. 참으로 신기하게도 이런 어릴 적 기억이 때론 창작으로 이어지기도 한다. 가족을 위해 등불을 켜둔 외할머니처럼 우리 가슴속에는 가족을 위한 사랑이 늘 자리 잡고 있다. 때로는 그 마음을 표현하는 것도 필요하다.

'0416×1024를 다 둘러보고 나서야 두 젊은 디자이너의 작품이 왜 인기가 많은지 알 수 있었다. 좋은 작품은 결코 복잡하거나 화려한 것이 아니다. 이곳의 작품들처럼 심플하고 담백하게 속마음을 드러내보이는 것이 중요하다. 우리 주변에 있는 가족이나 친구들에게 사랑의 마음을 솔직하게 표현하듯이 말이다.

비는 더 거세졌지만, 가게를 나서는 나의 마음은 오히려 더 따스해졌다.

INFO

☐ 臺北中山區中山北路2段20巷18號1樓

☐ +886-2-2521 4867

☐ 월~일 13:00~22:00

☐ http://www.hi0416.com/

6

루피

鹿皮, LOOPY

X

톡톡 튀는 아이디어가 담긴 디자인 세상

나는 매번 루피 스튜디오의 홈페이지를 방문할 때마다 이곳의 주인인 린가가 (林嘎嘎)와 천싱윈(陳幸運)의 머릿속에는 도대체 무엇이 들어 있는지 궁금했다. '먹음직스러운 새우튀김'이라고 이름 붙인 양모로 만든 그레이톤 원피스는 작은 눈이 점처럼 콕 찍힌 노란 새우튀김이 마크처럼 가슴 부위에 장식되어 있었다. 이 원피스는 일본에 여행 갔을 때 먹었던 맛있는 새우튀김을 기념하기 위해 만든 것이라고 한다. '고대 생물' 원형 크로스백은 푸른색 계열의 캔버스백 앞면에 초록색 익룡과 하얀 실인이 자수로 수놓아져 있었다. 이 크로스백처럼 자신이 좋아하는 고대 생물을 가방으로 만들어 몸에 지니고 다니면 도시 전체를 역사박물관으로 만들 수 있을 것 같다는 엉뚱한 생각으로 이 가방을 만들었다고 한다. 코르덴 천으로 만든 '선량한 해적' 모자 위에는 빙그레 웃고 있는 동그란 해골 머리 해적이 한 땀 한 땀 수놓아져 있었다. 해적이 금은보화를 훔치듯 사람의 마음을 빼앗기 위해 만든 모자라고 한다. '사자 낙원' 긴팔 셔츠에는 검은 울타리 안에 외롭게 서 있는 사자 한 마리가 그려져 있는데, 이것은 인류를 창조한 사자 낙원 혹은 사자들의 실낙원을 표현한 것이라고 한다. 매장 한쪽에 놓인 사진 속에는 자신이 직접 디자인한 옷을 입고 모자와 가방을 착용한 린가가의 모습이 담겨 있었다. 그녀는 타이완에서 잘 알려지지 않은 산과 강 등지를 자주 돌아다니는데, 그런 그녀의 모습을 항상 옆에서 카메라 렌즈 속에 담아내는 이가 바로 천싱윈이다.

린가가와 천싱원은 루피의 주인이다. 사진으로 본 린가가는 하얗고 맑은 피부에 풍성한 머릿결을 가진 여성이었다. 작고 마른 체형인 그녀는 얼굴 가득 고집스러움이 내비쳐지기도 했다. 사진 속에 가끔 등장하는 천싱원은 검고 굵은 눈썹을 가진 남성이었다. 가가와는 반대로 천진난만하면서도 수더분한 모습이었다. 두 사람은 2011년, 대학 3학년 재학 당시 '루피'라는 브랜드를 함께 만들었다고 한다. 영문명은 'LOOPY'이고 '우스꽝스럽다'라는 뜻이 담겨 있다. 루피라는 이름처럼 그들의 작품은 심플하면서도 해학적이었고, 우스꽝스럽지만 보는 사람이 행복한 미소를 머금을 수 있는 귀여운 것들이었다. 가게에 신얼된 그들의 작품은 태양처럼 빛을 발산하며 오가는 손님들을 가게 안으로 끌어들이고 있었다.

루피 스튜디오는 츠핑제 41호의 좁은 골목 안쪽에 있었다. 내가 이곳을 방문하려고 할 때는 이미 해가 져서 주위가 어둑어둑했다. 그때 골목 저쪽 끝에 있는 루피 스튜디오와 루피 디저트숍 간판에 불이 켜진 것이 보였다. 간판 위에는 옷, 가방, 커피잔, 아이스크림 캐릭터들이 불만이 가득한 표정으로 그려져 있었다. 여태껏 가게를 찾지 않은 나에 대한 원망의 표현인 것 같았다. 쇼윈도 앞에 서서 매장 안을 바라보니 분홍, 초록, 파랑, 노랑, 빨강 등 알록달록한 사탕 같은 색깔들이 눈에 들어왔다. 아기자기한 물건들을 보니 갑자기 귀여운 린가가를 빨리 만나보고 싶다는 생각에 허둥지둥 가게 안으로 들어갔다.

매장 안에는 단발머리를 한 두 여성이 스티커를 정리하며 가게를 지키고 있었다. 나는 그들에게 다가가 린가가가 지금 가게에 있는지 속삭이듯 물었다. 그러자 한 여성이 고개를 들고 린가가는 오늘 가게에 나오지 않는다고 말해주었다. 그 순간 실망감에 나도 모르게 어깨가 축 처져버렸다. 이런 내 모습이 안쓰러워 보였는지 그 여성은 나를 위로하며 궁금한 것이 있으면 자신이 설명해주겠다고 말했다.

홈페이지에서 본 루피의 제품들로 꾸며진 매장 인테리어는 심플하면서도 신기한 것이 많았다. 천장에 걸린 2개의 유리 전등 속에는 일본의 유명한 애니메이션 〈마루코는 아홉 살〉*에 나오는 할아버지, 할머니 캐릭터 인형이 들어 있었다.

* 사쿠라 모모코(三浦美紀, Sakura Momoko)가 그린 만화를 원작으로 한 일본 애니메이션(일본명 〈치비 마루코 짱〉)

전등 속에서 묵묵히 가게를 방문한 손님들을 내려다보고 있는 모습이었다. 그리고 입구 양쪽에는 옷과 백팩이 걸려 있었는데, 자세히 보니 모든 상품 옆에는 손으로 직접 쓴 카드나 엽서가 붙어 있었다. 상품에 대한 설명을 메모 형태로 짤막하게 써둔 것이다. 내용을 읽어보니 웃음이 절로 날 정도로 재미있었지만, 그 속에 철학적인 의미도 담겨 있는 듯했다.

'꼭 달고 다닐 필요 없는 머리'라는 이름이 붙은 티셔츠 옆에는 "일할 때는 머리가 필요하지만, 휴가 때는 머리를 잠시 집에 두고 와도 좋다. 몸을 가볍게 해서 편하게 놀다 오자!"라는 메모가 붙어 있었다. 모는 사람이 일상 속에서 공감할 수 있는 글귀였다. 휴가 때 일이나 집안일에 신경을 쓰다 보면 마음 놓고 편하게 쉴 수가 없다. 나이가 들수록 복잡해지는 머리를 떨쳐버리고 싶은 사람들의 마음을 잘 표현한 디자인이었다. 티셔츠를 자세히 살펴보니 주머니 안에 반쯤 숨겨진 핑크색 자수 패치 브로치가 보였다. 사람의 뇌처럼 생긴 이 브로치는 탈부착할 수 있어 메모에 쓰인 대로 정말 머리를 집에 두고 올 수도 있을 것 같아 웃음이 나왔다. 루피식 천진난만함이 담긴 티셔츠였다.

원형 캔버스백에는 '후방 감시 레이더 백팩'이라는 이름이 붙어 있었다. 2개의 백팩 위에는 각각 오리와 박쥐가 실물처럼 수놓아져 있었다. 가방 옆에는 린가가 가 백팩을 메고 산과 강을 바라보고 있는 사진이 놓여 있었는데, 사진 아래쪽에는 다음과 같은 글이 쓰여 있었다. "눈앞에 있는 아름다운 풍경을 바라보느라 등 뒤를 신경 쓸 겨를이 없네요. 할 수 없이 메고 있는 백팩의 오리와 박쥐에게 나의 후방 감시 레이더가 되어달라고 부탁했어요!" 린가가와 천싱원은 오리와 박쥐를 좋은 친구로 여긴 것 같았다. 그들은 이처럼 평소 생활 속에서 보아왔던 모든 것에 눈을 달아주고 손과 발을 만들어주었다.

루피 스튜디오에 진열된 모든 상품은 가가와 싱원이 디자인한 것이다. 특히 그들이 디자인한 옷, 가방, 모자, 브로치에는 캐릭터 패치 장식이 늘 등장한다. 매장 안에 루피를 소개한 카드 속 문구에도 '펜으로 그린 도안을 입체적으로 만들면 생명력이 느껴진다'라고 써놓을 정도로 그들은 자수 패치를 좋아했다. 그들은 제품의 완성도를 높이기 위해 타이완에서 침선에 가장 능하다는 어르신들을 찾아

가 제작을 의뢰했다고 한다.

　내가 루피를 방문한 날에 마침 루피와 합작한 바이지(白吉)의 백서 기획전이 열리고 있었다. 바이지 역시 루피와 비슷한 원창 브랜드로 대표 캐릭터는 바이지라고 하는 눈썹이 굵은 하얀 뚱보 고양이이다. 루피는 바이지와 함께 하얀 뚱보 고양이 시리즈의 스티커와 포스터, 엽서 등을 출시했다. '동물 보호소에 갇혀 울고 있는 바이지', '다쳐서 지팡이를 짚고 있는 바이지', '단 것을 좋아하는 바이지', '꿀벌과 장난치는 바이지' 등 코믹한 그림들이 많았다. 그들은 이런 소규모 자선 바자회를 통해 사람들이 유기 동물에 대해 더 많은 관심을 갖기를 바랐다. 충동적인 애완동물 구매를 반대하고 동물들도 치료가 필요하다는 것을 강조하면서 사람들의 보호와 배려를 호소했다. 상품 속에서 살아 움직이는 듯한 바이지의 모습을 보니 동물을 향한 그들의 진심 어린 마음이 느껴졌다.

　가게 입구에 있는 나무 패널 위에는 '일행일선(日行一善)'이라고 쓰인 벽보형 스케줄 달력이 붙어 있었는데, 루피에서 가장 인기가 많은 상품이라고 한다. 예전에 하오, 추(好, 丘)나 하이짜이(孩在) 등 다른 몇몇 상점에서도 이 달력을 본 기억이

난다. 달력의 위쪽에는 "어릴 때 착한 일을 많이 하면, 커서 신선이 된다"라는 글귀가 써 있었고, 아래쪽에는 31개의 칸이 그려져 있었다. 재미있는 것은 칸마다 그날 해야 할 착한 일이 표시되어 있고 그 문구와 어울리는 코믹한 그림이 그려져 있었다. '밥알 남기지 않고 다 먹기', '엄마, 아빠에게 전화하기', '나쁜 말 하지 않기' 등 생활 속에서 소소하게 지켜야 할 착한 일들을 재미있는 그림과 함께 유머러스하게 표현해놓았다.

루피를 둘러보고 나니, 나는 어느새 린가와 천싱원의 열성 팬이 되어 있었다. 그들의 말은 전혀 가식적이지 않아서 더 마음에 와 닿았다. 그리고 천진난만함과 솔직함이 느껴지는, 아이들 낙서 같은 그들의 디자인은 내게 기쁨과 에너지를 불어넣어주었다.

INFO

□ 臺北市大同區赤峰街41巷2-4號2樓

□ +886-934 026 955

□ 월, 수, 목, 일 13:00~20:00 | 금, 토 13:00~21:00 | 화요일 휴무

□ http://www.loopy.club/pinkoi

7

이쓰이쓰

意思意思

×

집 안 가득 숨겨진 옛이야기

어제 온종일 디화제 주변을 돌며 전 세계에서 수집해온 앤티크한 완구가 있다는 이쓰이쓰 잡화점을 찾아다녔지만, 흔적도 보이지 않았다. 어디로 이전했는지 남겨진 메모도 없어 발만 동동 구르다 그냥 포기하고 돌아왔다. 하지만 다음날 난징시루 눙항에서 이 잡화점을 마주하게 될 줄은 꿈에도 몰랐다. 가게 이름이 '이쓰이쓰'*이듯이 이곳은 나에게 어떤 의미가 있는 장소인 것 같았다.

이쓰이쓰는 일반 주택 건물 2층에 자리 잡고 있었고, 아래층에는 아침밥을 파는 식당이 있었다. 가게 길목에 세워진 작은 표지판에는 앞쪽으로 가라는 표시의 손 모양만 딸랑 그려져 있었다. 자세한 위치 설명이 없어 자칫하면 지나쳐버릴 수도 있으니 주의해야 한다.

2층으로 올라가는 좁고 긴 통로를 지나자 나무로 만든 출입문이 보였다. 문을 밀어젖히고 가게로 들어가기 위해 막 발을 내딛는 순간 낡은 나무 바닥에서 뿌드득하는 소리가 났다. 그러자 어디선가 "안녕하세요" 하는 명랑한 목소리가 들려왔다. 인사를 한 사람은 이곳의 안주인인 나나(娜娜, Nana)였다. 백옥같이 하얀 피부의 나나는 긴소매 셔츠에 머리를 위로 질끈 묶고 있었다. 몇 마디를 건네고 나서 그녀가 입담이 좋고 열정적인 성격을 가진 여성이라는 것을 알게 되었다.

---

* '이쓰(意思)'에는 '의미'라는 뜻이 있다.

나나는 오십이 넘은 중년 여성이지만 그녀의 얼굴에서는 세월의 흔적을 찾아볼 수 없을 정도로 매우 젊어 보였다. 그녀는 남편인 제프(Jeff)와 함께 디화제에 있는 낡은 가게를 떠나 얼마 전에 이곳으로 둥지를 옮겼다고 한다. 처음 개업을 했던 정든 곳을 떠나와서 서운한 마음이 들었지만, 곧바로 이 조용한 2층집에 정이 들기 시작했다고 한다. 이곳은 타이베이 현대 미술관(臺北當代藝術館)과도 가까웠다. 예술을 사랑한 그들이 이곳에 새로 둥지를 틀게 된 이유이기도 했다.

나나와 Jeff는 줄곧 해외에서만 살았는데, 특히 여행을 좋아해 세계 각지를 돌아다니며 다양한 잡화를 수집했다고 한다. 그렇게 수집한 물건이 타이완으로 다시 돌아올 즈음에는 산처럼 쌓일 정도여서, 이 보물들을 많은 사람에게 보여주기 위해 낡은 점포도 마다치 않고 조용한 곳을 찾아 가게를 열게 된 것이다. 가게에 있는 물건들 대부분은 몇십 년간 조금씩 수집해온 두 사람만의 아름다운 추억이 깃들어 있다.

Jeff는 긴 테이블 옆에 앉아 오후 영업 준비를 하고 있었다. 그는 복고풍의 동그란 안경을 쓰고 있었고 머리카락은 마구 흐트러진 상태였다. 나나와 내가 이야기를 나누는 동안 가끔 고개를 들고 우리를 바라보았는데, 그 얼굴에는 웃음기가 가득했다.

계단 근처에 있는 철제 진열장에는 크고 작은 유리컵 수백 개가 진열되어 있었다. 나나의 말에 따르면, 이 유리컵은 대부분 만들어진 지 50년은 족히 넘은 것이라고 한다. 모두 타이완 현지에서 제작된 것으로 두께가 두껍고 무게가 좀 나간다고 했다. 손으로 한번 들어보니 정말 묵직한 느낌이 들어서 컵을 씻을 때 깨질 염려는 하지 않아도 될 것 같았다. 이 유리컵은 수많은 타이완 사람의 어린 시절 추억과도 같은 존재여서 값을 매길 수 없을 정도로 소중하게 여겨지고 있었다.

진열된 유리컵의 크기나 두께는 제각각이었다. 컵의 문양도 컬러풀한 도트 무늬부터 펜으로 스케치한 듯 단순하게 그려진 꽃무늬 등 여러 종류가 있었다. 심지어 어떤 컵에는 브랜드 로고가 그대로 적혀 있었는데, 바로 추억의 '헤이쑹 사투(黑松沙土)'였다. 헤이쑹 사투는 80년 전통의 타이완 음료 브랜드로 나는 타이완에 올 때마다 독특한 맛이 나는 헤이쑹 사이다(黑松汽水)를 꼭 챙겨 마시곤 했다.

이 사이다는 나처럼 먼 길을 달려온 여행객들의 목마름을 해결해주는 추억의 음료였다. 특히 타이완 토박이들이 헤이쑹 사이다를 헤이쑹 사투의 로고가 찍힌 컵에 따라 마신다면 추억이 남다를 것 같았다.

　나는 이런 진귀한 유리컵들을 왜 하필이면 파손 위험이 높은 출입구 계단 쪽에 두었는지 의문이 들었다. 내가 그 이유를 물어보자 나나는 짓궂은 표정으로 입구 쪽 통로를 가리키며 말했다. "아직 발견하지 못했나요? 그럼 다시 계단 쪽으로 가보세요. 거기에 답이 있으니까요." 유리컵이 놓여 있는 진열장으로 가보니 가게 안에 켜진 불빛이 유리컵을 그대로 투과해서 계단 옆 벽면에 예쁜 그림자를 만들고 있었다. 빛이 흔들릴 때마다 벽면의 유리컵 그림자도 살짝살짝 움직였다. 평범해 보이는 계단에 이런 기발한 아이디어가 숨겨져 있을 줄은 꿈에도 생각하지 못했다. 빛과 그림자를 이용한 이 환상적인 인테리어는 Jeff의 아이디어로 만들어진 것이라고 한다.

　Jeff와 나나는 사진 찍는 것을 좋아해서 폴라로이드 카메라와 오래된 사진도 아주 많이 수집했는데, 그들은 폴라로이드 카메라로 찍은 사진들을 엽서로 만들어 가게를 방문하는 사람들에게 나눠주기도 했다. 멍하게 쳐다보고 있는 양철 로봇, 어수선한 매장 한 귀퉁이, 커피와 브라우니 등 소소한 일상의 모습을 렌즈 속에 모두 담아두었다.

　매장 안에는 유리컵이나 폴라로이드 카메라 이외에도 각기 다른 시대에 만들어진 양철 장난감이 있었다. 붉은 예복을 입고 박사모를 쓴 도널드 덕 인형은 허리를 꼿꼿하게 편 채 늠름한 모습으로 서 있었고, 양철판으로 만든 접시 위에는 암탉이 알을 낳는 모습과 알을 훔치려고 담장 뒤에 숨어 있는 장난꾸러기들의 모습이 그려져 있었다. 양철 로봇의 종류도 매우 다양했다. 그중 은색 양철 로봇은 머리에는 빨간 전구가 붙어 있고 네모반듯한 몸에는 붉은색의 뾰족한 귀가 달려 있었다. 윙크하듯 한쪽 눈을 감고 있는 모습이 매우 익살스러워 보였고, 태엽을 감으면 철커덕철커덕 소리를 내며 움직이기도 했다.

　내가 목말라 한다는 것을 눈치챈 나나가 가게의 신메뉴인 레몬 요구르트 빙수를 맛보지 않겠냐고 넌지시 물었다. 내가 기뻐하며 먹어보고 싶다고 하자 잠시 후 그녀가 주방에서 파인애플 그림이 그려진 아이스크림 컵에 빙수를 가득 담아

서 가져다주었다. 보기만 해도 탄성이 절로 나왔다. 옅은 노란색을 띠는 레몬 빙수를 한입 먹는 순간 새콤달콤한 맛이 났고 시원함에 갈증이 단번에 싹 사라졌다. 빙수 위에 뿌려진 작은 레몬 케이크 조각에서도 신선한 레몬 향이 났다.

내가 먹었던 빙수는 주방에서 일하는 아이라(艾拉)가 만든 것이라고 한다. 가게도 크지 않아서 두 사람은 마치 친구처럼 일하고 있었다. 이쓰이쓰에 있는 작은 주방에서는 매번 계절 메뉴를 개발해서 출시했고, 매장 안에 따로 마련된 공간에서는 매주 수공예 수업을 진행했다. 별도 공간에 진열된 양모 펠트 인형, 수공예 가죽 가방, 작은 동물 조각상, 짚 세공 모자 등은 모두 수업을 들은 학생들의 작품이었다. 그중에서 양모 펠트 동전 지갑은 매장에 있는 양철 로봇을 본떠서 만든 것이라고 한다. 학생들의 작품을 보고 있으니 나도 한번 도전해보고 싶은 의지가 생겨났다.

수업 시간이 다가오자 긴 테이블 주위로 사람들이 모여들기 시작했다. 한 여성이 자신이 디자인한 패브릭백을 들고 와서 모두에게 보여주며 의견을 물었다. 그러자 너도나도 한마디씩 하며 오랫동안 알고 지낸 친구들처럼 도란도란 이야기를 나누었다.

나나와 Jeff는 그들이 개업할 때 꿈꿨던 소망을 이룬 것 같았다. 그들은 자신들의 소망에 대해 이렇게 말했다. "수집한 물건이 늘어나 일일이 관리할 수 없게 되면, 물건들도 자신과 새로운 인연을 맺을 주인을 찾게 된다. 사람은 어떤 물건을 좋아하면 그것의 진귀함을 이해할 수 있고, 어떤 물건을 사랑하면 마음이 맞는 친구로 여기게 된다. 그렇게 사람과 물건은 평생의 짝을 찾아 생활의 묘미를 함께 느끼며 살아가게 되는 것이다."

베이징으로 돌아오고 몇 달이 지난 후 타이완에서 나나가 보낸 엽서 한 장이 도착했다. 커피와 초콜릿 브라우니가 함께 놓여 있는 그림이 그려진 엽서였다. 엽서에는 내가 이 엽서를 가져갔는지 잘 기억나지 않지만, 다시 한번 기념으로 보낸다고 적혀 있었다.

INFO

☐ 臺北市大同區南京西路64巷16-2號

☐ shop@nostalgicfuture.com

☐ 월, 목~일 13:00~21:00

8

61NOTE

✕

오래 쓸수록 빛을 발하는 디자인 명물

푹푹 찌는 한여름 더위에도 불구하고 새로운 라이프스타일숍을 발견하기 위해 난징시루의 좁은 골목 사이를 열심히 누비고 다닐 때였다. 더위가 한창 기승을 부리는 정오 무렵인 데다가 주변은 주택가여서 길가에 인적이 뜸했다. 골목 끄트머리에 다다를 즈음, 초록빛 식물과 나무들에 둘러싸인 건물 앞에 '61NOTE'라고

61NOTE
SHOP & TEA

No.6,Aly.10,Ln.64,
Nanjing W.Rd.,Datong Dist

Tel:02-2550-5950

Tue-Thu,Sun 12:00〜21:00
Fri-Sat   12:00〜22:00
Monday closed

1F Shop & Tea
B1 Gallery

쓰인 하얀 간판 하나가 눈에 띄었다. 건물 벽면은 검은 철제로 장식되어 있었고, 그 벽에 바닥까지 맞닿아 있는 통유리창이 끼워져 있었다. 이것 말고는 아무런 인테리어를 하지 않아 깔끔하면서도 중후한 분위기가 풍겼다.

문을 열고 안으로 들어서니 짙은 카레 향이 맡아졌다. 순간 도쿄 진보초(神保町)*에 있는 한 카레 식당에 잘못 들어온 게 아닌가 하고 화들짝 놀랐다. 정신을 가다듬고 자세히 보니 눈앞에 예쁜 잡화가 가득 진열된 것이 보였다. 잡화를 전시해둔 곳에는 손님뿐만 아니라 점원조차 보이지 않았다. 왼쪽으로 돌아 식당이 있는 곳으로 가봤더니 짧은 머리의 잘생긴 남자 직원이 보였다. 그는 소리대 앞에 서서 냄비에 담긴 카레를 열심히 젓고 있었는데, 그가 카레를 저을 때마다 맛도 점점 깊어지는 것 같아 군침이 살짝 돌았다.

자신을 바라보고 있는 시선을 느꼈는지 그는 고개를 들어 내게 말을 건넸다. "안녕하세요. 너무 일찍 오셨네요. 카레가 아직 완성되지 않았어요." 미안한 마음에 나는 얼른 "잡화를 보러왔어요. 그런데 주위에 사람이 없어서 이리로 와본 것뿐이에요. 둘러봐도 될까요?"라고 대답했다. 그러자 그는 먼저 둘러보고 있으면 카레를 다 만들고 나서 안내를 해주겠다고 했다. 나중에 그와 다시 이야기를 나누면서 그제야 그가 61NOTE의 숍매니저 천쥔팅(陳俊廷)이라는 것을 알게 되었다.

매장에서 잡화 구역은 그리 넓지 않았지만 갖가지 종류의 잡화들로 가득했다. 입구 양쪽 진열장 위에는 에어 베이스(Air Vase),** 컬러 양동이, 미니 삽, 검정 양철함, 양초, 브러시 그리고 DIY 종이접기 용품들이 잔뜩 진열되어 있었다. 안쪽으로 더 들어가니 엄청나게 긴 테이블이 중앙에 놓여 있었고 그 위에 여러 형태의 나무 브러시가 양철통에 꽂혀 있었다. 왼쪽에 있는 벌집 모양 진열장에는 다양한 크기와 컬러의 캔버스백이 칸마다 놓여 있었고, 오른쪽 벽 위에는 핸드백이 몇 개 걸려 있었다. 그리고 핸드백 아래쪽에 있는 진열장 안에는 각종 문구류가 즐비했다.

---

* 카레와 헌책방으로 유명한 도쿄의 거리
** 일본 건축설계회사 토라푸 아키텍츠(Torafu Architects)에서 특수 종이 재질로 만든 소품으로, 꽃병, 와인 포장지, 작은 오브제를 담는 접시 등 다양한 인테리어 소품으로 활용되고 있다.

매장 내부를 대충 한 번 훑어보고 본격적으로 둘러보려고 하는 순간, 캔버스백을 멘 한 남성이 가게 안으로 들어왔다. 내 짐작이 맞다면 그가 바로 61NOTE의 주인 둥타이리(東泰利) 선생일 것이다. 예전에 잡지에서 그에 관한 기사를 본 적이 있어서 그를 바로 알아볼 수 있었다.

둥 사장은 일본 화교였다. 부모는 타이완 사람이었지만 그는 어릴 때부터 비행기 타는 것을 무서워해 줄곧 일본에서만 살았다고 한다. 그러던 어느 날 회사에서 단체 출장을 가던 중 멀미약을 먹으면 비행기 공포증이 사라진다는 것을 알게 되었다. 이것을 계기로 그는 타이완으로 돌아올 수 있었고, 결국 몇 년 전에 고향으로 오게 된 것이다. 둥 사장은 귀국길에 일본의 디자인 상품이 타이완에서 큰 인기를 끌고 있다는 점에 주목했다. 하지만 일본보다 가격이 비싸다는 것이 문제였다. 그래서 그는 중국어 공부를 시작함과 동시에 자신이 좋아하는 라이프스타일 브랜드를 대행 판매하기 시작했고, 간신히 찾아낸 난징시루 골목 모퉁이에 61NOTE도 열게 되었다고 한다.

내가 베이징에서 왔다는 말을 전해 들은 둥 사장은 일본식 억양으로 "환영합니다"라며 반갑게 인사했다. 가게의 상품을 좀 추천해달라고 부탁하자 그는 나에게 이렇게 말했다. "음, 추천이라…… 매장 안의 모든 물건은 다 제 손을 거친 것들이에요. 내가 좋아하고 또 직접 사용하는 브랜드죠. 오늘 내가 메고 온 가방도 정말 실용적이에요." 그러고는 메고 있던 가방을 벗어 내게 보여주었다. 튼튼해 보이는 하늘색 크로스 캔버스백은 깔끔하면서도 세련돼 보였다. 뒤이어 둥 사장은 "이곳에는 Tembea 제품 시리즈가 다 갖춰져 있어요"라고 의기양양하게 말했다. 일본 브랜드인 Tembea는 아프리카 스와힐리어의 '방랑'이라는 말에서 이름을 따와 지은 것이라고 한다. 둥 사장은 생활 속에서 흔히 접할 수 있는 물건이라도 디자인이 독특한 것을 좋아하는데, 특히 기능성에 역점을 둔 'Tote Bags'을 가장 마음에 들어 했다. 벌집 모양 진열장에 놓여 있는 Tembea 가방들은 생김새에 따라 각각 독특한 이름이 붙어 있었다. 가늘고 길게 생긴 'Gaguette(프랑스 바게트)'는 바게트에서 디자인을 따온 것이라고 한다. 이 가방을 메고 다니면 팔 아래에서 솔솔 풍기는 빵 냄새를 맡으며 프랑스의 어느 거리를 걷고 있는 듯한 느낌이

들 것 같았다. 'Book'이랑 'CD'라고 이름 붙여진 가방도 있었다. 만약 자신이 산 책과 CD가 이 가방 안에 쏙 들어간다면 뿌듯한 마음으로 가방을 메고 집에 돌아올 수 있을 것이다. 또 전선 수리공을 위해 특별히 디자인된 'Wire(전선)'라는 이름의 가방도 있었다.

이곳의 또 다른 주력 상품은 80여 년의 역사를 보유한 독일의 Redecker 브러시이다. 매장의 테이블이나 선반에 진열된 각종 브러시를 직접 보지 못했다면 브러시가 이토록 정교하게 만들어졌고, 브러시마다 용도가 모두 다르다는 것을 알지 못했을 것이다.

매끄러운 나무 손잡이가 달린 브러시는 부드러운 돼지 털로 만들어져 갓난아기의 머리를 빗겨줄 때 사용하면 좋을 것 같았고, 브러시 털이 조금 두꺼운 것은 꼬맹이들이 쓰기에 적당했다. 긴 손잡이가 달린 컴퓨터용 브러시는 좌우 양쪽에 털이 달려 있는데, 두꺼운 털이 달린 쪽으로는 컴퓨터 전체의 먼지를 털고 가는 털이 달린 쪽은 키보드 사이에 낀 미세한 먼지를 털기에 좋았다. 피아노용 브러시에는 청소할 때 생기는 흠집을 방지하기 위해 위쪽에 스펀지를 달아놓았고, 손잡이는 웨이브 형태로 디자인되었다. 식물의 잎에 쌓인 먼지를 닦는 집게형 브러시도 있었는데, 브러시를 가볍게 나뭇잎 사이에 끼우기만 하면 편리하게 먼지를 제거할 수 있다. 우산처럼 생긴 미세모 브러시는 손으로 제거하기 힘든 벽 틈새에 낀 먼지까지도 털어낼 수 있는 제품이다.

나는 그중에서도 가마솥용 브러시와 구둣솔은 당장 사서 집에 가져가고 싶을 정도로 마음에 쏙 들었다. 가마솥용 브러시는 위쪽 나무 손잡이에 웃고 있는 사람의 모습이 그려져 있고, 아래쪽에는 굵은 브러시 털이 달려 있어 멀리서 보니 마치 훌라춤을 추는 사람처럼 보였다. 매일 이 브러시로 솥을 닦는다면 고된 집안일도 유쾌하게 느껴질 것만 같았다. 고슴도치처럼 생긴 구둣솔도 무척 귀여웠다. 브러시 털이 고슴도치 가시처럼 보여 바닥에 놓고 장식용으로 사용하거나 책상 위에 놓고 펜 꽂이로 사용하면 좋을 듯했다.

61NOTE의 제품들은 디자인이 화려하진 않지만 내구성은 뛰어난 것 같았다. 완벽을 추구하는 둥 사장의 엄격한 심사를 통해 들여온 제품이기 때문이다. 이곳

의 제품들은 유행이 지났다고 그냥 버려지는 것이 아니라 오래 쓸수록 빛을 발하는 물건이어서 시간이 지나면 오롯이 자신만의 용품이 될 수 있다. 61NOTE도 이와 비슷했다. 좁은 능항 골목 귀퉁이에 둥지를 틀고 자신이 좋아하는 물건을 사람들과 함께 공유하며 사는 둥 사장의 모습에서 겸손과 착실함이 느껴졌다.

나는 둥 사장에게 최근 주변에 비슷한 가게가 많이 생겨나고 있는데 걱정되지 않냐고 물어보았다. 61NOTE가 너무 외진 곳에 있어서 사람들의 관심을 받지 못할까 봐 나름 노파심에서 던진 질문이었다. 그러자 그는 "위치는 중요한 것이 아니에요. 제품이 좋으면 손님은 반드시 이곳을 찾을 겁니다. 오히려 타이완에 개성 있는 잡화점이 더 많이 생겨나기를 바랍니다"라고 말했다. 여러 잡화점을 다니면서 물건 고르는 안목을 키우게 되면, 자신이 진정으로 원하는 명물을 찾을 수 있다는 것이 그의 주장이다.

그와 이야기를 나누다 보니 다시 매장 안에 카레 향이 가득해졌다. 못 참겠다. 일단 먹고 보자!

INFO

☐ 臺北市大同區南京西路64巷10弄6號

☐ +886-2-2550 5950

☐ 화~금 12:00~22:00 | 토~일 11:00~22:00 | 월요일 휴무

☐ http://www.61note.com.tw/

광뎬 타이베이 光點臺北, SPOT - Taipei Film House

사람들과 차들로 북적이는 중산루를 지나면 은밀하면서도 조용한 곳이 나타난다. 그곳에 잎이 무성한 나무들로 둘러싸인 하얀 유럽식 건축물이 하나 있는데, 오가는 행인들의 바쁜 발걸음을 잠시 멈추게 할 정도로 그 자태가 무척 아름다웠다. '타이베이의 집(臺北之家)'이라고 불리는 이곳은 예전에 미국의 주대 영사관으로 사용되었지만 낡은 건물을 개조한 후 지금은 타이완 영화문화협회가 운영하는 예술문화 공간으로 활용되고 있다. 새하얀 건물 안으로 들어서면 영화, 음악, 인문, 예술, 디자인을 테마로 한 원창 제품들이 가득한 광뎬성훠(光點生活, Spot Designs)가 보인다. 매장 안의 흰 벽면에는 유명한 영화 제작자들의 인물 포스터를 쭉 걸어놓아 영화관 분위기가 물씬 풍겼다. 바로 옆에는 광뎬 카페이 스광(光點珈琲時光, Café Lumiere)이 있고, 2층에는 광뎬 훙치치우(光點紅氣球, Spot Le Ballon Rouge)가 있어 구경온 사람들은 이곳에서 커피와 음식을 즐기면서 잠시 휴식을 취할 수 있다. 이러한 이유로 광뎬 타이베이는 예술가들이 모여드는 장소이기도 하다.

또 차고를 개조해서 만든 광뎬 영화관(光點電影院)에서는 엄선한 세계 명작 영화들을 매일 상영하고 있어 나같이 시간이 부족한 여행객도 의지와는 상관없이 영화를 보게끔 만드는 곳이었다.

□ 臺北市中山區中山北路2段18號
□ +886-2-2511 7786

르쯔 커피 日子咖啡, Nichi Nichi

르쯔 커피는 샤오치 갤러리 바로 옆에 위치하고 있다. 'Nichi Nichi'는 일본어로 '매일'이라는 뜻이 있는데, 향이 좋은 커피를 매일 마신다면 행복할 것 같다는 생각에서 지은 이름이라고 한다. 통유리창 너머 따뜻한 불빛으로 채워진 작은 매장 안은 언제나처럼 손님들로 북적이고 있었다.

이곳은 심플한 일본 분위기가 풍기는 커피숍으로 매장의 나무 바닥 위에는 10개 남짓한 나무 테이블이 놓여 있었고, 높게 만들어진 바 테이블 옆에서는 곱슬기가 조금 있는 주인이 바쁘게 커피를 만들고 있었다. 원두 가는 소리가 들리더니 곧 커피 끓이는 향이 가게 안에 퍼졌다.

잠시 후 주인은 정성이 가득 담긴 커피 한 잔을 내게 건네며 "커피콩은 일종의 언어예요. 정성 들여 볶은 커피콩으로 사람, 가게, 서비스, 생활 신념 등을 모두 표현할 수 있죠"라고 말했다. 이런 마인드를 가지고 가게를 운영하고 있으니 어찌 사람들의 사랑을 받지 않을 수 있겠는가!

☐　臺北市大同區赤峰街17巷8號
☐　+886-2-2559 6669

강하오 剛好

강하오 생활체험관은 광고업계에서 오래 일했던 몇몇 사람이 모여 자연에 순응하고 환경에 적합한 라이프스타일을 대중에게 알리기 위해 설립한 곳이다. 나는 예전에 잠시 비를 피하려고 우연히 강하오에 들르게 되면서 이곳을 알게 되었다. 빗소리를 들으며 따뜻한 커피 한 잔과 함께 안주인의 정성 어린 대접을 받았던 기억이 난다. 이날 나는 강하오의 진짜 모습을 보게 된 것이다.

강하오에서는 품질 좋은 커피와 안주인이 만든 수제 디저트류 이외에 오가닉 생활용품도 함께 판매하고 있다. 과일이나 채소를 씻을 때 사용하는 궈전이츠 세정제(果珍一次洗淨粉)는 타이완 주변 해역에서 나는 천연 진주가루와 바다 소금으로 만들어진 것이다. 시미징션 보디클렌저(洗米淨身淋浴露)는 타이둥(臺東) 지역에서 나는 쌀겨 추출물로 만들었다고 한다. 그리고 이곳에서 판매하는 머드 클렌저의 원료는 타이난(臺南)의 관쯔링(關子嶺) 온천에서 가져온 진흙이다.

이렇게 좋은 제품들이 즐비한 가운데 가게를 방문하는 손님들이 즐겨 찾는 것은 따로 있었는데, 바로 안주인의 애완견 마오마오(毛毛)였다. 손님이 올 때마다 늘 꼬리를 흔들며 반갑게 맞이해주기 때문에 좋아하지 않을 수가 없었다. 두 번째로 이곳을 방문했을 때는 귀여운 마오마오 쿠션이 판매되고 있을 정도였다.

□ 臺北市大同區赤峰街33巷2號
□ +886-2-7729 2069

얼탸오퉁 · 뤼다오 샤오예취 二條通 · 綠島小夜曲

원스의 주인 Rick의 추천을 받고 대각선 맞은편에 있는 얼탸오퉁 · 뤼다오 샤오예취에 가보았다. 두 주택 사이에 끼인 듯 자리 잡은 2층 구조의 일본식 목조 건물로 건물 앞 작은 정원에 심어진 푸른 반얀트리가 아름다운 그림자를 만들어 낡은 건물을 더욱 돋보이게 했다.

입구의 돌계단 위에는 '二條通 No. 7'이라는 글자가 새겨져 있었다. 지금의 중산베이루 일대는 원래 20세기 초 타이완에 거주하던 일본인의 주거 지역이었다. 이곳에 있던 이 낡은 건물은 건축가 중융난(鐘永男)의 노력 덕분에 새로운 모습으로 재탄생되어 1층은 뤼다오 샤오예취 커피숍으로, 2층은 중융난의 사무실로 사용되고 있다.

비 내리는 저녁 무렵이었지만 커피숍 안에는 앉을 자리가 없을 정도로 손님이 많았다. 손님들은 보는 사람이 이상하게 생각할 정도로 속삭이듯 대화를 나누고 있었다. 아마도 이곳의 조용하고 진중한 분위기를 망치고 싶지 않기 때문인 것 같았다.

높은 천장에는 나무 프레임이 그대로 드러나 있었고, 천정의 뻥 뚫린 하늘을 통해서는 촉촉이 내리는 비를 감상할 수 있었다. 커피 한 잔과 스콘을 주문하고 느긋하게 앉아 있으니 세월의 숨결을 머금은 고택의 정취가 고스란히 느껴졌다.

□ 臺北市中山區中山北路1段33巷1號
□ +886-2-2531 4594

르싱 주쯔항 日星鑄字行

타이위안루 눙항 골목 안에 숨은 듯 자리한 르싱 주쯔항은 타이완에서 유일하게 남아 있는 활자인쇄공장이다. 1969년 장시링(張錫齡) 선생이 설립한 '르싱(日星)'은 한때 성행했던 주자(鑄字)사업을 대표했던 곳으로, 그 이름에는 '나날이 새로워진다'라는 뜻이 담겨 있다고 한다. 그러나 현대 사회로 넘어오면서 컴퓨터가 활자인쇄를 대신하게 되자 타이완의 주자사업은 줄줄이 도산하게 되었고 르싱만이 유일하게 남게 되었다. 현재 2대 사장인 장제관(張介冠) 선생이 활판인쇄문화 보존이라는 막중한 임무를 짊어지고 가족, 전수자들과 함께 이곳을 운영하고 있다.

르싱의 외관은 매우 초라해 보였다. 창고 같은 철문 위에 걸린 간판은 너무 낡아서 글자가 잘 보이지도 않았다. 하지만 철문 안으로 들어서니 말로 표현하기 힘든 감정으로 인해 심장이 요동쳤다. 넓지 않은 내부 공간에는 목판들이 가득했는데, 선반 위에 줄줄이 놓인 목판에는 칸이 만들어져 있었고 칸마다 활자들이 촘촘하게 꽂혀 있었다. 광택이 나는 납덩어리의 윗부분에는 한눈에 보기에도 아름다운 글자들이 새겨져 있었다. 이곳에 오면 수많은 글자의 바닷속에서 활판인쇄문화의 축소판을 경험하게 될 것이다.

□ 臺北市大同區太原路97巷13號
□ +886-2-2556 4626

#	Shop+
❶ 워스	❶ 광뎬 타이베이
❷ 폭발한 마터우와 튀긴 주리	❷ 르쯔 커피
❸ 샤오치 궁웬점	❸ 강하오
❹ 타이완 하오, 뎬	❹ 얼탸오퉁·뤼다오 샤오예춰
❺ '0416×1024	❺ 르싱 주쯔항
❻ 루피	
❼ 이쓰이쓰	
❽ 61NOTE	

❶ 전원도시 라이프스타일 서점 田園城市生活風格書店, Garden City Publishers&Bookstore

디자인숍, 출판사, 서점, 전람관 등이 모두 갖춰진 대표적인 원창 문화 공간이다.

☐ 臺北市中山區中山北路2段72巷6號
☐ +886-2-2531 9081

❷ Drifter 뤼런 Drifter 旅人

수공예 가죽 스튜디오인 뤼런은 디자인은 심플하지만 실용성과 내구성이 뛰어난 가방
을 제작하고 있다. 현재 가죽 가방 제작 수업을 개설해서 운영 중이다.

☐ 臺北市大同區南京西路25巷18-6號1樓
☐ +886-2-2559 1969

❸ 324 판화 스튜디오 324版畵工作房

판화 예술가 양중밍(楊忠銘)이 판화를 널리 보급하기 위해 만든 예술 스튜디오이다. 이
곳에서는 정성이 느껴지는 문화 수공예품을 제작하며, 현재 정기적으로 판화 제작 과
정 수업을 개설해서 운영하고 있다.

☐ 臺北市大同區太原路97巷16號
☐ +886-2-2558 8880

다안취
·
융캉제 / 스다루

융캉제(永康街)와 스다루(師大路) 주변에서는 라이프스타일숍을 찾기가 무척 어려웠다. 나름 길 찾기 선수라고 자부했던 나였지만 그동안 내 실력을 너무 높이 평가한 것 같았다. 처음 이곳을 찾은 날에 타이완 사범대학 주변의 복잡한 골목에서 그만 길을 잃었기 때문이다. 나중에야 이곳은 캉칭룽(康青龍)과 원뤄팅(溫羅汀)이라는 두 구역으로 나눠진 것을 알게 되었다. 융캉제, 칭텐제(青田街), 룽취안제(龍泉街)를 통칭해서 '캉칭룽'이라 하고, 타이완 사범대학의 중심 지역인 '원뤄팅'은 원저우제(溫州街), 뤄쓰푸루(羅斯福路, 루스벨트로), 팅저우루(汀州路) 지역을 가리킨다.

융캉제와 스다루는 타이베이 문화의 집결지이다. 특히 이곳에는 타이완 대학, 타이완 사범대학, 타이완 과학기술대학이 있어 수많은 학생이 갈구하는 인문(人文)의 정취가 짙게 깔려 있다. 게다가 독립서점, 중고서점, 문학예술 커피숍, 전시 공연장 등 주로 문학, 예술과 관련된 공간이 밀집해 있다.

골목 곳곳에 숨어 있는 라이프스타일숍의 인테리어와 매장 안에 진열된 물건들을 살펴보면 가게 주인의 안목과 스타일이 고스란히 드러났다. 이들은 단순히 이윤 추구를 위해 유행 상품을 판매하는 것이 아니라 문학과 예술을 전파하고자 하는 순수한 마음으로 가게를 운영하고 있었다. 그 결과, 이곳은 타이베이 문화의 한 축을 형성하게 되었다.

1

핀모량항
品墨良行

X

디자인의 온기로 변화시킨 삶의 단편

융캉제는 타이베이에서 가장 번화한 지역 중 하나이다. 왜냐하면 이곳에는 뉴러우몐(牛肉麵) 국숫집, 아이스크림 가게, 만둣가게, 주점, 커피숍, 각종 먹거리 포장마차와 세계 각지의 음식점들이 즐비해서 수많은 사람이 좁은 골목의 구석구석을 비집고 다니기 때문이다. 이렇게 사람들이 붐비는 지역에서 조금 떨어진 융캉제의 골목 깊숙한 곳에 핀모량항 Street Shop(品墨良行街上店)이 있었다.

가게 바깥쪽에 설치된 목재 가판대 위에는 하얀 토끼 캐릭터 인형 하나가 놓여 있었다. 마치 가판대 위에 느긋하게 앉아 손님들이 오기를 기다리고 있는 듯했다. 쇼윈도 안쪽을 들여다보니 왼쪽에는 오픈 키친이 있고, 오른쪽에는 매장에서 판매하는 디자인 소품이 놓여 있는 진열대가 있었다. 이 소박해 보이는 작은 목조 건물 안에 심플하면서도 컬러풀한 손가방과 잔뜩 쌓여 있는 노트들은 지나다니는 사람들의 눈길을 사로잡을 만했다.

매장 안으로 들어서니 맛있는 냄새가 코를 자극했다. 아마도 오픈 키친에서 굽는 빵 냄새가 매장 안에 가득 찼기 때문인 것 같았다. 크지 않은 매장 내부에는 맞춤 제작된 진열장이 '나무의 온도', '도자기의 기품', '천의 색채', '종이의 질감'이라는 테마로 구분되어 있었고, 진열장마다 다양한 수공예 제품이 정성스레 놓여 있었다. 이곳에서는 핀모량항 스튜디오(品墨良行工作室)에서 만든 작품뿐만 아니라 가게 주인이 엄선한 타이완 현지 디자이너의 작품도 함께 판매하고 있었다.

매장 안 가장 깊숙한 곳까지 가보니 작은 작업실이 하나 보였다. 작업실 안에는 단발머리를 한 아주머니 한 분이 천으로 둘러싸인 작업대 옆에서 손가방 바느질에 몰두하는 모습이었다. 나이가 어려 보이는 매장 점원이 그녀를 얼제(二姐)라고 부르는 것을 듣고 나도 따라서 그렇게 불렀다. 얼제는 시원시원한 성격의 소유자였다. 내가 몇 마디 말을 건네자 바로 바느질감을 손에서 내려놓고 매장 안에 있는 각종 보물을 보여주며 친절하게 설명해주었다.

매장에 있는 목조 장식품들은 자연을 사랑하는 나무 조각가 샤오헝리(小亨利)의 작품이라고 한다. 그가 만든 우드 하우스는 높이도 일정치 않고 디자인도 저마다 달랐다. 샤오헝리는 화실의 제자들을 데리고 타이베이 각 지역을 돌아다니면서 보았던 오래된 건축물을 본떠서 작품을 만들었다고 한다. 두 여성이 의기투합해서 만든 수공예 도자기 브랜드 샤오타오치(小陶器)의 제품도 독특했다. 도토(陶土)*를 손으로 빚어 만든 동물 모양 젓가락 받침대는 귀엽고 앙증맞았다.

화려한 색감의 샤오화화(小花花) 손가방과 천 슬리퍼는 솜씨 좋은 얼제가 정성

* 도자기의 원료가 되는 고령토질의 점토

껏 바느질을 해서 만든 작품이다. 샤오화화는 천 수공예품을 만드는 브랜드로 초창기에 가오슝스(高雄市)에서 개업한 이후 2013년에 타이베이의 핀모량항으로 옮겨왔다. 특히 가죽과 천을 조합해서 만든 손가방은 얼제가 심혈을 기울여서 제작한 작품으로 가방 가운데에는 독특하게도 메인 컬러와 대비를 이루는 보색의 작은 주머니를 달아놓았다. 가죽과 캔버스 천을 대충 마름질해서 이어 붙여놓은 듯한 이 가방에서 색다른 멋이 느껴졌다.

목조 소품, 도자기 제품, 천 가방 이외에 종이 제품도 이곳의 주력 상품 중 하나였다. 종이 제품은 가게 주인인 왕칭푸(王慶富) 선생이 핀모량항이라는 브랜드를 만드는 데 기폭제 역할을 했다. 과도한 포장을 하지 않는 핀모량항 브랜드의 종이 제품은 생활 속 세심한 관찰과 깨달음에서 아이디어를 얻어 만들어졌다고 한다. 자연과 주변 사람들에 대한 관심과 본질로 돌아가고자 하는 마음에서 출발한 이 제품들에는 순수함이 가득했고, 그 순수함이 사람의 마음을 움직이는 듯했다.

《마마징(媽媽經)》은 평범한 타이완 엄마들이 평소에 자신이 사용하던 편한 언어로 속마음을 세세하게 기록한 기념 서적이다. 책 속에는 '두 세대'나 '4세 엄마들의 시시콜콜한 이야기'라는 제목의 글들이 수록되어 있었다. 잠시 내용을 살펴보면 "교육은 일종의 실험이므로 아이들이 부모가 상상하는 대로만 자라날 것이라고는 기대하지 않는다. 부모가 생활 속에서 바른 모습을 보이면 아이는 자연스럽게 그것을 본받을 것이다. 비록 사춘기에는 조금 비뚤어질 수 있지만, 본성은 변하지 않을 것이라고 확신한다. 결국에는 정박하기 위해 부두에 서서히 접근하는 작은 배처럼 다시 당신 곁으로 돌아오게 될 것이다"라는 이야기이다. 겉표지는 누런빛을 살짝 띠는 두꺼운 친환경 종이로 만들어졌고, 차곡차곡 접힌 경문(經文)의 절첩본(折帖本)* 형태로 디자인되었다. 이 책은 타이완 출판 디자인 대상[금접상(金蝶獎)]을 수상하기도 했다.

《마마징》에 대해 얼제의 설명을 열심히 듣고 있을 때, 얼제의 남동생인 왕칭푸 선생이 길 건너에 있는 핀모량항 스튜디오에서 이곳으로 넘어왔다. 다년간 그

---

* 두루마리 형태의 길게 이은 종이를 적당한 폭으로 병풍처럼 접어서 만든 책으로 절본(折本), 접첩본(摺疊本)이라고도 한다.

래픽 디자인업계에서 종사했던 왕 선생은 순박한 농부 아저씨 같은 느낌이 났다. 물론 내 주관적인 판단이긴 하지만 잠시 그를 관찰해보니 솔직하면서도 직설적으로 말하는 것 같았다. 그는 업무가 바쁜데도 불구하고 나를 위해 매장 안의 몇몇 종이 디자인 제품을 소개해주었다.

사이르쯔(曜日子) 달력은 종이가 햇볕을 쬐면 누렇게 변하는 특성을 이용해서 만든 아이디어 제품이라고 한다. 달력을 만드는 방법은 의외로 간단했다. 친환경 종이에 날짜가 적힌 투명 필름을 갖다 대고 햇볕이 잘 드는 외딴곳에 그대로 두면 완성된다. 햇볕을 쬔 종이는 글자가 있는 부분을 제외하고는 모두 옅은 베이지색으로 변하게 되는데, 마치 빛이 남긴 낙인처럼 보였다.

'나의 노트' 계열의 제품들은 실생활에서 활용 가능한 요소들을 디자인에 녹여냈다. '왈츠 노트'는 노트 안에 왈츠 스텝 교본이 삽화로 그려져 있고, '시력 노트'는 시력 측정표가 노트에 표시되어 있어 혼자서도 시력을 측정해볼 수 있다. '사진 노트' 속에는 검정 켄트지가 부록으로 들어 있는데, 이것을 오려서 설명대로 접으면 바늘구멍 카메라를 만들 수 있다. 노트로 사용할 뿐만 아니라 DIY 제품처럼 직접 만들어서 사진까지 찍는 재미를 맛볼 수 있다.

무수히 많은 독창적인 종이 제품 중 한 창작품이 내게 감동을 주었는데, 바로 이 스튜디오에서 최초로 만들어진 '우주 속 작은 항성' 제품류였다. 이것은 예술 치료를 받은 열네 명의 꼬마 친구들이 문자, 그림, 사진, 종이접기 등으로 자아를 표현하거나 바깥세상과 소통한 기록을 제품으로 만든 것이라고 한다. 그들은 빛과 열을 발산하는 항성과도 같은 존재여서 '우주 속 작은 항성'이라는 이름을 붙이게 되었고, 이미 여러 차례 전시회를 통해 그들의 자유분방한 작품들은 사람들에게 알려졌다. 그리고 지금 핀모량항은 다시 한번 그들과 세상 사이에서 메신저 역할을 하고 있다.

"실수는 핑곗거리가 아니다. 실수는 현실 속에서 맞닥뜨리게 되는 곤경이자 나를 존재하게 만드는 생명력이다. 또한 나를 재기하게 하는 성장통이자 우연히 만난 사람들과 나를 연결해주는 인연의 끈이다. 실수는 불완전한 나를 완벽하게 만드는 기억의 흔적이다." 이 시를 쓴 사람이 열다섯 살도 채 되지 않은 소년이라

는 사실을 도저히 믿을 수 없었다. 15세 소년 팅웨이(廷偉)는 대화로 전달할 수 없는 자신의 속마음을 이처럼 진중하면서도 열정적인 시로 표현해냈다. 핀모량항에서는 팅웨이가 지은 시문 중에서 가장 훌륭한 40여 수를 선정하여 일쇄본(日曬本)*으로 제작했다. 이 노트를 제작한 의도는 팅웨이처럼 에너지가 충만한 작은 항성 같은 친구들을 대중에게 알리기 위해서라고 한다. 왕 선생은 이런 꼬마 예술가들이 창작을 통해 삶의 위안과 성취감을 얻게 되기를 바란다고 했다.

핀모량항 스튜디오는 이곳에서 멀지 않은 융캉제 75항에 있었는데, 작은 정원 내부에 있는 산뜻한 사무 공간에서 종이 제품 전문 디자이너들의 디자인 직업이 한창이었다. 스튜디오 바로 옆에는 종이 제품만 전문적으로 판매하는 상점이 있었고, 지하에는 종이와 관련된 물품을 보관해둔 재료실이 있었다. 이곳은 종이를 재료나 색깔별로 질서정연하게 배열해두어서 손님들이 직접 종이의 질감과 두께를 마음껏 만져보고 원하는 종이를 고를 수 있게 했다. 그뿐만 아니라 마음에 드

* 햇볕을 쪼여서 만드는 책 혹은 노트

는 종이를 골라 자신만의 상상력을 발휘해서 노트를 제작할 수도 있다.

핀모량항에서는 자체 제작한 종이 제품과 샤오화화의 천 제품 이외에 외부 브랜드 제품도 일부 찾아볼 수 있다. 초창기의 창업 정신을 그대로 이어온 핀모량항은 앞으로도 우리의 생활 속에 깊숙이 파고들어 삶을 따뜻하게 변화시킬 것이다.

왕칭푸 선생은 '소규모 점포 창업에 관한 철학' 강의에서 다음과 같이 말했다. "나는 다년간의 연구를 통해 마침내 핀모가 가야 할 길을 찾아냈습니다. 여러 사람의 도움으로 브랜드를 기획하면서 다시 한번 나 자신을 돌아보게 되었고, 결국 핀모의 핵심은 '단순과 순수'로 요약된다는 것을 알게 되었습니다." 현재 창업을 준비하는 사람들은 왕 선생을 본받아 항상 초심을 잃지 않는 자세를 유지해야만 성공할 수 있을 것이다.

헤어질 때 선물로 맛있는 땅콩 비스킷을 준 애교 많은 미스 우(吳)에게 감사의 인사를 전한다.

INFO

□ http://www.pinmo.com.tw/

—

핀모량항 Street Shop

□ 臺北市大安區永康街63號

□ +886-2-2358 4670

□ 월~일 12:00~20:00

—

핀모량항 스튜디오

□ 臺北市大安區永康街75巷10號

□ +886-2-2396 8366

□ 월~일 13:00~19:00

2

하이짜이

孩在, Hi! Kidult

×

순수한 동심이 느껴지는 공간

가게 주인 신톈(心恬)은 하이짜이에 관해 쓴 글에서 "모든 사람이 아이와 같은 천진난만한 마음을 지닌 채 순수하고 아름다운 분위기를 연출하며 살아가기를 바란다"라고 말했다.

하이짜이는 가게 이름에서부터 아이의 순수한 마음을 표현했을 뿐만 아니라 매장 인테리어도 아이들이 좋아할 만한 요소들로 가득 꾸며놓았다. 입구 유리문 위에 핸드페인팅으로 그려진 커다란 검정 고래는 약간 우스꽝스러워 보이지만 수호신처럼 든든하게 가게를 지키고 있는 모습이었고, 검정 고래 주변에서 자유자재로 헤엄치며 노는 듯한 아기 고래들의 모습은 무더운 여름날의 더위를 모조리 잊게 해주는 것만 같았다.

매장 내부 벽면에도 비슷한 형태의 핸드페인팅이 군데군데 그려져 있었다. 입구 쪽에는 내가 가장 좋아하는 종이 제품 브랜드인 즈상싱뤼(紙上行旅)의 인물화가 진열되어 있었는데, 사람의 다양한 모습이 담긴 흑백 컬러의 엽서가 대부분을 차지했다. 파란색이 칠해진 다른 쪽 벽면 중앙에는 노란 초승달이 그려져 있고, 그 아래에는 작은 집 모양 나무 진열장을 두어서 멀리서 보면 해 저문 동화 속 마을처럼 보였다.

신톈은 구석에 있는 작업 공간에 서서 "태풍이 부는데 오느라 고생하셨어요. 오늘 문을 열길 잘했네요"라며 인자해 보이는 얼굴로 나에게 따뜻한 물 한 잔을

건넸다. 신톈이라는 그녀의 이름처럼 마음이 맑고(心明) 조용한(恬靜) 성격의 사람인 것 같았다.

　　나는 어느 인터넷 사이트에서 하이짜이가 판매하는 엽서를 본 적이 있다. '타이완의 길모퉁이'라는 이름의 엽서 시리즈였다. 흑백 컬러의 삽화 속에는 검은 뿔테 안경을 쓰고 검은 정장을 입고 있는 디자이너와 그녀의 애견이 늘 등장했다. 대표적인 타이완의 길거리 음식인 구운 소시지, 구운 고구마, 취두부, 지단빙(鷄蛋氷),* 솜사탕, 처룬빙(車輪餠),** 청차오차(靑草茶),*** 수제 탕위안(湯圓),**** 추억의 루웨이(滷味)*****를 파는 노점 앞에 서 있는 모습으로 그려졌다. 판화 같은

---

* 달걀 모양이 아이스크림
** 팥을 넣고 만든 바퀴 모양의 전통 간식
*** 한약재로 만든 차의 일종으로 달콤하면서도 약간 쓴맛이 난다. 몸에 열기를 식혀주고 혈압을 조절해주는 효능
　　이 있어 타이완 사람들이 더운 여름에 즐겨 마시는 음료 중 하나이다.
**** 찹쌀가루 등을 새알 모양으로 빚은 것으로 대부분 안에 소가 들어 있다.
***** 소금물이나 간장에 오향 등을 넣고 끓여서 만든 냉채 요리

∧　허징촹(何景窗)의 캘리그래피 시(詩)
　　엽서 시리즈

이 엽서는 타이완의 단편적인 일상을 그림으로 재미있게 표현했다. 인터넷에서 이 엽서를 관심 있게 봤던 나는 엽서를 만든 즈상싱뤼와 엽서를 판매하는 하이짜이를 머릿속에 잘 기억해두었다.

신톈은 원래 언론홍보업계에서 일했지만 종종 문학, 예술 계통의 사람들과 어울리게 되면서 그들의 창작 이념을 이해하고 나아가 그것을 함께 공유하고 싶은 충동이 생겼다고 한다. 그래서 그녀는 하던 일을 그만두고 바로 온라인과 촹이마켓(創意市集, Idea Market)을 통한 판매에 뛰어들었고, 자신이 원하는 매장을 마련하기 위해 온 힘을 쏟아부었다고 한다. 그렇게 일에 파묻혀 사는 딸의 모습이 걱정스러우셨는지 그녀의 어머니는 원래 하던 일을 다시 하는 것이 어떻겠냐고 조심스럽게 권유했을 정도였다고 한다.

아티스트들의 디자인에 관해 이야기를 시작하자 신톈의 눈에서 빛이 났다. 그녀는 타이완 현지의 디자인 제품이든 외부에서 공수해온 것이든 상관없이 자신에게 감동을 주는 것이라면 가리지 않고 무조건 들여온다고 했다. 그러면서 들뜬 모습으로 이렇게 말했다. "나는 수작업으로 만든 소박한 물건을 좋아하는 편이에요. 수작업으로 만든 제품은 기계로 찍어서 만드는 대량 생산과는 달라서 제품의 모양이 제각각일 경우가 많아요. 다시 말해 다양한 느낌의 제품이 만들어질 수 있다는 거죠. 그래서 선별하는 제품도 이런 스타일로 편향될 수밖에 없는 것 같아요. 많은 노력과 열정이 깃든 수공예품을 통해 아티스트의 라이프스타일과 꿈을 더 많은 사람이 함께 느낄 수 있게 되는 것, 그게 제 바람이에요."

매장에 있는 제품은 대부분 수공예 목조 제품이었다. 신톈은 이 제품들을 나무 테이블이나 집 모양 나무 진열장에 오밀조밀하게 진열해두었다. 원목을 깎아서 만든 썬바이(森白)의 소형 카메라 조각품은 나무의 결과 색이 그대로 드러나 있었고, 카메라의 버튼, 렌즈, 바인더가 매우 정교하게 조각되어 있었다. 재미있는 것은 렌즈 부분을 비틀어 열면 접착테이프를 끼워 넣을 수 있어 테이프 디스펜서로도 사용할 수 있다는 점이다.

쥐무(拙木)의 한 아티스트는 진과스산에 버려지거나 죽은 나무, 타이완 해변에서 주운 조약돌, 공원 화단에 떨어진 나뭇가지 등 여러 폐기물을 모아 미니어처 하우스를 만들었다. 타이완 사람들이 어릴 적 살았던 옛날 주택 형태의 이 미니어처 하우스에 오래된 책상과 걸상을 놓고 낡은 문과 창틀을 달아 사람들을 지난날의 추억 속으로 빠져들게 했다. 신톈은 웹사이트에 쥐무 작품의 제작 의도에 대해 글을 남긴 적이 있다. 글에서 그녀는 "사람들에게 아련한 추억으로 떠오르는 어린 시절은 아름다운 기억의 한 부분으로 가슴속에 남아 있을 것이다. 그 시절은 순수하고 평화로워서 마음마저 평온하게 만들어준다"라고 했다.

타이완 디자인협회에서는 '단순, 유치, 고집, 진실, 용감, 배려, 회상, 순수, 반항'이라는 9개의 단어를 선정해서 '징니(敬你)'라는 이름으로 훈장을 제작했다. 이 훈장은 타이완의 한 장인이 수작업으로 구리 합금을 여러 색으로 배합하여 구운 다음, 그 위에 인두로 글자를 새겨 만들었다고 한다. 이 작품은 애초 장난기로

---

* '당신에게 바칩니다'라는 의미가 있다.

시작됐지만 완성품을 보면 실제 훈장과 같은 진지함이 느껴졌다.

우리가 점점 자라서 불안함을 느낄 만한 나이가 되면 이 훈장이 주어질 것이다. 아마 이 훈장을 받을 때면 우리 자신도 생각이 확고해져서 넓은 마음으로 훈장을 수용할 수 있을 거라고 믿는다. 훈장에 적힌 단어들로 좋고 나쁨을 가리자는 것은 절대 아니다. 이 단어들은 우리의 뼛속 깊이 자리 잡아 세월이 흐르면서 점점 크게 자라거나 아니면 점점 작아질 수도 있다. 그래서 나중에는 순수함으로 남게 되거나 반항심으로 변할 수도 있다.

이 밖에도 천진난만한 동심이 배어 있는 또 다른 명물로는 하이짜이와 화즈량잔(花之良展)이 공동으로 디자인한 유리컵이 있다. 깔끔한 디자인의 이 유리컵은 빤짝빤짝하게 윤이 나고 시원함이 느껴질 정도로 투명했다. 유리컵 위에는 옅은 컬러의 돌고래, 빗방울, 올챙이, 꽃송이 등이 간결한 필치로 그려져 예술적인 기품이 느껴졌다. 하이짜이에서는 가끔 회화 수업을 진행했는데, 특별히 화즈량잔의 디자이너 선생님을 초빙해서 어린아이들에게 유리컵에 그림 그리는 법을 가르쳐주기도 했다.

하이짜이와 이별을 고할 때가 되자 신톈에 대한 나의 존경심은 더욱 커져만 갔다. 외유내강 스타일의 이 여성은 아직도 아이와 같은 동심을 간직한 채 어떠한 어려움에 부닥쳐도 고집스럽게 자신이 좋아하는 일에만 집중했다. 그녀가 디자인한 천진난만한 작품들을 보고 나니 가슴 벅찬 감동이 느껴졌다. 아마 내 가슴속 깊은 곳에도 아직 동심이 남아 있는 것 같았다.

INFO

☐ 臺北市大安區師大路68巷27號

☐ +886-2-2366 0598

☐ 수~토 14:00~22:00 | 일 14:00~21:00 (현재는 폐업함)

3

샤오난펑

小南風

X

소소한 일상을 통해 누리는 즐거움

타이완 사범대학 앞 스다루의 갈림길 부근에는 작은 지역 공원이 하나 있는데, 그곳에 빽빽이 심어진 나무들이 사범대학으로 가는 길에 그늘을 만들어주고 있었다. 나는 샤오난펑으로 가기 위해 공원 주변을 몇 번이나 빙빙 돌았지만 끝내 찾을 수 없었다. 할 수 없이 근처에 있는 친절한 동네 주민의 도움을 받아 좁은 골목 안에 숨어 있던 샤오난펑을 찾아냈다.

샤오난펑은 어느 한 주택 건물 모퉁이에 자리 잡고 있었다. 마침 비가 내려 가게 앞 노면은 빗물에 젖어 얼룩덜룩했고, 문 앞에 놓인 화초들은 빗물을 머금어 더욱 싱싱해 보였다. 가게 전면에는 커다란 통유리창이 설치되어 있어 밖에서도 내부를 훤히 들여다볼 수 있었고, 입구 옆에 붙어 있는 간판에는 귀여운 부엉이가 커피잔 속에 앉아서 나비를 연처럼 날리고 있는 모습이 그려져 있었다. 따뜻하고 편안함이 느껴지는 이 작품 속에는 그림을 그린 사람의 동심이 그대로 담겨 있는 듯했다.

매장 내부는 창가와 중앙에 놓인 나무 테이블 몇 개가 전부였고 테이블 위쪽에는 작은 펜던트 등만 달아두어서 무척 심플해 보였다. 테이블이 놓인 곳을 제외한 나머지 공간은 그림이나 사진전을 개최하거나 문화용품, 생활잡화 등을 전시하고 판매하는 용도로 사용되고 있었다. 이곳은 손님들의 동선을 고려해서 테이블과 의자를 벽에 딱 붙여놓지 않는데, 특별히 벽에 걸린 작품을 가까이서

감상할 수 있도록 한 가게 주인의 배려인 것 같았다.

때마침 오픈형 커피 조리대 안쪽에 있던 가게 주인이 밖으로 나왔다. 예전에 샤오난펑 웹사이트에 올려진 몇 장의 사진 속에서 그를 본 기억이 났다. 그때는 짧은 머리를 하고 있었지만 지금은 긴 머리로 변해 있었다. 다시 눈여겨 살펴보니 그는 안경을 쓰고 아무것도 그려지지 않은 단색 티셔츠를 입고 있었다. 그에게 말을 건네자 느릿하면서도 부드러운 목소리로 가게에 얽힌 이야기를 들려주었다. 그의 이름은 린전칭(林禎慶)이고, 그의 말에 따르면, 가게를 처음 열 당시에는 커피까지 판매할 생각은 없었다고 한다. 하지만 가게 한쪽 구석에 둥그런 테이블을 놓고 커피를 마시며 햇빛에 아슴푸레하게 비친 나무 그림자를 감상하면 좋을 것 같다는 말을 듣고 그와 아내는 현재의 '잡화+전시+강좌+커피'라는 독특한 형태의 가게를 탄생시켰다.

잡화 구역에 있는 흰 나무 선반 위에는 여러 아티스트의 작품이 전시되어 있었다. 조금 전 가게 입구에서 봤던 귀여운 부엉이도 이곳에 진열된 노트, 엽서, 편

지지 위에서 다시 발견할 수 있었다. 부엉이가 자전거를 타거나 달걀프라이를 부치는 모습 혹은 바구니를 들고 채소를 사러 가는 모습 등이 다양하게 그려져 있었다. 이 작품은 바쁜 일상 속에서 잊혀가는 우리의 소소한 모습을 되찾기 위해 만든 것이라고 한다. 또 우리의 인생 대부분을 차지하는 이런 평범한 일상을 마음껏 누리며 살자는 의도도 숨어 있다고 한다.

이 귀여운 부엉이 캐릭터를 만들어낸 디자이너는 바로 린 사장의 아내인 삽화가 쯔페이(子菲)였다. 쯔페이의 섬세한 그림에는 그녀의 따뜻한 마음이 그대로 묻어나는 것 같았다. 커피 끓이기가 취미인 린 사장의 본업은 사진작가인데, 그가 촬영한 사진 작품 속에도 쯔웨이의 그림처럼 따뜻함이 담겨 있다. 그는 일상 속 한순간이나 여행을 다니면서 발견한 아름다운 풍경을 카메라 렌즈에 고스란히 담아냈다. 그중 그가 가장 많이 촬영한 것은 두 사람의 딸 큐(Kew)의 모습이다. 발랄하고 귀여운 Kew의 모습은 필통이나 노트 패드 등 곳곳에서 찾아볼 수 있다. 심지어 샤오난펑 시장을 홍보하는 포스터 속에도 Kew의 얼굴이 담겨 있다. 그녀는 이 가게에서 가장 빛나는 존재였다. 딸 이야기를 하자 린 사장의 얼굴에는 사랑스러운 표정이 가득했다. "Kew는 완전히 말괄량이예요. 그 아이가 가게에 오면 이곳이 엄청 떠들썩해진답니다."

린전칭과 쯔페이는 2005년에 그들의 사진과 회화 작품에서 파생된 브랜드인 Minami를 설립했고 더불어 청핀서점(誠品書店)에서 제품 판매를 시작했다. 그들은 가게의 주인이자 디자이너인 셈이어서 다른 디자이너들이 겪는 고통을 잘 알고 있었다. 그래서 그들은 모든 사람이 디자이너의 작품을 소중히 여겨주기를 바랐다.

두 사람은 창업한 후 줄곧 자신들의 브랜드인 Minami의 디자인 제품을 판매하면서 동시에 다른 디자이너의 그림과 수공예품을 함께 전시했다. 다른 디자이너의 작품 중에서 눈여겨볼 만한 것은 고양이를 사랑하는 수공예 장인 TigErmilk가 점토로 만든 100여 마리의 야옹이 인형이었다. 이 고양이 인형은 각각 다른 옷을 입고 있어서 이곳에서 어떤 야옹이를 만날 수 있을지는 그 누구도 알 수 없었다.

잡화 구역 맞은편에는 샤오난펑에서 정기적으로 전시회를 개최하는 공간이 마련되어 있었다. 타이완과 일본의 수많은 젊은 삽화가들이 이곳에서 작품을 전시하곤 했다. 내가 이곳을 방문했을 때 마침 '쉬밍훙(徐銘宏) 삽화&문자 창작전'이 열리고 있었다. '잠긴 서랍을 열다'라는 제목의 이 창작전에는 짧은 글귀가 곁들여진 삽화 작품 10점이 전시되어 있었다. 삽화가는 그림으로 우리가 잘 알고는 있지만 정확하게 파악하지 못한 인간관계를 표현했다. 마치 잠겨 있는 인생의 비밀을 그림을 통해 열어보려고 시도한 것 같았다.

'가장 가까우면서도 가장 먼 거리'라는 작품 속에는 한 집 안에 있는 남녀가 각자의 방에서 문을 열어둔 채 채팅에 몰두하는 모습이 담겨 있었고, 그림 아래쪽에는 다음과 같은 짧은 글귀가 쓰여 있었다. "인터넷에서 친구를 사귀는 것은 방문을 노크하는 것만큼 쉽다. 요즘 우리는 이런 방식에 물들어 있는 것 같다. 아마 나중에는 인터넷으로만 대화하는 세상이 올지도 모른다."

린전칭과 쯔페이에게 이런 메마른 인간관계는 상상조차 할 수 없는 일일 것이다. 두 사람은 전시회를 기획하는 것 이외에 정기적으로 외부 삽화가나 업무 파트너인 수공예 디자이너들과 강좌나 수공예 수업을 개최하기도 했다. 오랜 친구이든 새로 사귄 친구이든 상관없이 매장 안 곳곳에는 그들과 보낸 아름다운 추억이 남아 있었다. 방명록 혹은 커피 조리대 옆에 붙어 있는 사진이나 엽서를 통해 그들의 흔적을 찾아볼 수 있었다.

가게를 나설 때 린 사장은 내게 도쿄 우에노 공원의 모습이 담긴 엽서 한 장을 주었다. 아름다운 호수에 벚꽃이 만개한 풍경 사진이었는데, 위쪽에 이런 글귀가 적혀 있었다. "맑은 하늘 아래의 꽃길 위에 산들산들한 남풍이 부네."

샤오난펑의 블로그에서 발견한 감동적인 문구를 하나 소개하려고 한다. 하지만 글로 읽는 것보다는 직접 가서 봐야지만 샤오난펑의 따뜻한 마음을 오롯이 느낄 수 있을 것이다.

"하루 중에 10분만 짬을 내서 삶의 소소한 즐거움을 느껴보자. 해 뜰 무렵, 공원에 가서 나뭇잎에 이슬방울이 맺힌 것을 감상하며 맑은 공기를 마셔보자. 점심을 먹고 난 후, 작은 커피숍에서 창틀 너머로 보이는 거리 풍경을 바라보자. 나른한 오후의 Break Time, 잠시 눈을 감고 바흐의 선율을 들어보자. 퇴근 후, 사랑하는 사람과 손을 잡고 화려한 가로등 불빛 아래를 걸어보자. 한밤중, 홀로 있을 때 촛불을 켜고 자신만의 시간을 가져보자. 이런 소소한 즐거움을 통해 자신에게 보상을 해주자."

INFO

□ 臺北市大安區師大路68巷9號
□ +886-2-2363 3138
□ 월~토 12:00~22:00 | 일 12:00~19:00 | 월요일 정기 휴무
□ http://blog.roodo.com/minamistudio/

4

즈우성훠 문구
直物生活文具

X

누구나 걸릴 수 있는 '문구병'

타이거(Tiger)는 문구계에서 제법 인기 있는 파워 블로거로, 오랫동안 문구를 수집해오며 '문구병(文具病)'이라는 블로그를 한동안 운영했다. 그는 자신의 블로그에 문구병에 대해 다음과 같은 글을 올렸다. "문구병이라고 불리는 이 생소한 병은 각종 연필균, 볼펜균, 수첩균, 종이테이프균 등 여러 문구 세균에 의해 전염되는 것을 말한다. 사람의 체질에 따라 어떤 사람은 쉽게 전염되고 또 어떤 사람은 늘 이 병을 달고 살기도 한다. 심지어 불치병이 되기도 한다."

타이완으로 출발하기 전, Tiger처럼 문구류에 푹 빠져 있는 한 친구가 그의 블로그를 추천해주었다. 나는 블로그에 올라온 문구의 역사, 디자인 그리고 세세한 사용 후기까지 모조리 훑어보았다. 블로그에는 문구의 판매 연도, 모델명, 중량, 재질, 희소가치 등 상세한 정보가 기록되어 있어서 읽는 내내 흥미로웠다. 전문적이면서도 생동감이 느껴지는 그의 글들에서 문구를 향한 깊은 사랑이 와 닿았다. 어느새 나도 어릴 적 학교 앞 문방구에 드나들며 문구류에 푹 빠졌던 그 시절의 기억이 새록새록 되살아나기 시작했다. 짝꿍이 의기양양한 얼굴로 필통에서 새로 산 연필을 꺼낼 때면, 나는 옆자리에서 그 모습을 그저 멍하게 쳐다볼 뿐이었다. 질투와 부러움 사이에서 꽤 갈등했던 기억도 떠올랐다. 이렇듯 문구병은 자신도 모르게 감염되어버릴 수도 있다.

중증 문구병 환자의 대표 격인 Tiger는 오랫동안 온라인상에서 닦아온 노하우

를 기반으로 하여 뤄쓰푸루 눙항 내에 오프라인 문구점 즈우성훠를 개업했다. 즈우성훠의 매장은 매우 작았다. 작아도 너무 작은 탓에 근처를 세 바퀴나 돌고 나서야 이곳을 찾을 수 있었다. 간신히 찾은 가게 입구 위에는 검정 테두리에 흰색으로 된 손 모양의 간판이 걸려 있었고 문구점답게 손에는 펜이 들려 있었다. 손 모양 간판 이외에 다른 장식이나 홍보 간판은 찾아볼 수 없었다. 하지만 가게 주인이 다년간 운영해온 문구병 블로그의 인기에 힘입어 이미 입소문이 나 있어서인지 10m²도 안 되는 매장 안은 문구 팬들로 북적거렸다.

좁은 매장 안에는 Tiger가 심혈을 기울여 엄선한 제품들이 진열되어 있었다. 그는 디자인과 기능이 과장된 것들은 배제하고 문구의 본질을 제대로 살린 제품만 전시했다고 한다. 오래된 가구 진열장에 놓여 있는 물건은 대부분 소장 가치가 있는 것들이고, 그중에는 클래식해 보이는 중고 디자인 제품도 있었다. 매장에는 옛날 문구류인 붓, 지류, 먹물에서부터 요즘에 사용하는 문구용 칼, 지우개, 종이테이프까지 모두 갖춰져 있었는데, 진열된 문구마다 출시 연도나 비하인드스토리에 대한 짤막한 소개 글이 덧붙여져 있었다.

1963년도부터 판매하기 시작한 세계 최초의 수성 사인펜인 Pentel사의 Sign Pen은 선의 굵기를 조절할 수 있을 뿐만 아니라 펜대의 무게도 적당해서 편하게 쥐고 쓰기에 좋았다. 그래서 유명 디자이너들이 현재까지도 제도용 펜으로 즐겨 사용한다고. 그리고 중력의 영향을 받지 않고도 잉크를 공급할 수 있게 만들어진 펜은 우주에서도 사용할 수 있다고 한다.

Tiger는 샤프펜슬을 줄곧 연구하고 수집해왔기 때문에 매장 안에는 샤프펜슬의 종류가 가장 완벽하게 갖춰져 있었다. Autopoint 샤프펜슬은 샤프 촉이 하나인 것과 두 개인 것으로 나누어져 있는데, 샤프 촉이 두 개인 것은 위아래로 굵기

∧ Autopoint 샤프펜슬

가 다른 샤프 촉이 달려 있어서 둘 중 하나를 선택해서 사용할 수 있다. 그리고 펜을 돌려서 샤프심을 나오게 하는 100년 전 샤프펜슬 모델은 눌러서 사용하는 요즘 샤프펜슬과 비교하며 사용해볼 수 있어서 좋았다. 이곳에 있는 각종 문구는 기계처럼 조작해보는 재미가 쏠쏠했다.

즈우성휘의 또 다른 인기 상품은 일본 제련 기술자인 야마시타 아키라(山水哲) 선생이 디자인한 고래 나이프였다. 아키라 선생은 한 아이 어머니가 "아이에게 직접 연필을 깎아보라고 하고 싶지만 칼끝이 뾰족해서 너무 위험한 것 같아요"라고 한 말에서 아이디어를 얻어 고래 나이프를 디자인하게 되었다고 한다. 그래서 아키라 선생은 향유고래의 모양을 본떠서 칼끝이 둥근 나이프를 만들어냈다. 이후에도 끊임없이 나이프 디자인을 개발해서 브라이드고래, 밍크 고래, 긴 수염고래 등 다양한 고래 시리즈 나이프를 제작했다. 진회색의 칼날은 부드럽게 이어지

〈　고래 모양 철제 나이프

〉　재활용 스테인리스로 만든 문구
　　세트

는 곡선으로 디자인되어 안전해 보였고 꽤 묵직해서 그립감도 좋았다. 실용적이면서도 귀여운 이 고래 나이프로 연필을 깎으면 마치 고래를 들고 있는 듯한 느낌이 들어 웃음이 절로 날 것 같았다.

점잖게 생긴 Tiger의 외모에서는 모범생의 이미지가 풍겼다. 줄기차게 이어지는 손님들의 질문 공세에도 전혀 귀찮아하지 않고 친절하게 답변해주는 모습을 보니 아마 실제 성격도 진지하고 따뜻할 것 같았다. 어릴 적 그는 그래픽 디자이너였던 아버지의 영향을 받아 각양각색의 문구류에 둘러싸여 자랐다고 한다. 용돈이 넉넉해진 고교 시절 이후에는 자신의 마음에 드는 문구를 일일이 찾아다니며 수집하는 열정도 보였다. 문구 대국인 일본에서 공부할 때는 마치 물 만난 물고기처럼 이곳저곳을 다니며 미리 점 찍어둔 문구류를 사들였다. 주로 Ebay나 일본 아마존 경매에서 구매했는데, 대부분 이미 절판된 희귀한 제품들이었다.

Tiger에게 문구는 그의 삶 속에서 없어서는 안 될 필수 요소였다. 절판돼서 간신히 구한 문구 속에서 특이한 디자인을 발견할 때면 감동으로 가슴이 벅차오른다고 한다. 그리고 그는 좋은 문구란 사용자의 시각으로 만들어져 오랜 시간이 지나도 계속 사용할 수 있는 것이라고 했다. 그래야만 수십 년이 지나도 많은 사람의 사랑과 인정을 받을 수 있다는 것이라고.

우리 곁에 오랜 친구처럼 남아 있는 문구들은 그다지 볼품 있는 것은 아니지만, 세월이 지나도 변함없이 아름다운 삶에 대한 희망을 전달할 것이다. 만약 정말 문구에 빠져드는 문구병이 있더라도 나는 기꺼이 전염될 각오가 되어 있다.

INFO

☐ 臺北市中正區羅斯福路3段210巷8弄10號

☐ +886-975 875 120

☐ 월, 수~금 14:00~21:00 | 토, 일 13:00~19:00 | 화요일, 매월 마지막 주 수요일 정기 휴무

☐ https://plain.tw/(문구병 블로그 http://www.stationeria.net/)

5

싼스쉬안우

參拾選物, 30 Select

X

30대를 겨냥한 생활 명품

타이뎬 빌딩(臺電大樓, Taipower Building) 근처의 차량이 오가는 큰 도로를 지나 뤄쓰푸루의 보행 거리에 다다르자 능항의 주택들 사이로 싼스쉬안우가 보였다. 시멘트로 마감 처리된 바닥, 격자무늬 창틀에 끼워진 통유리로된 쇼윈도 그리고 가게 위쪽에 걸려 있는 'SENSE 30'이라고 적힌 검정 레터링 간판까지 싼스쉬안우의 첫인상은 심플하면서도 강렬했다. 매장 내부도 외부와 마찬가지로 깔끔하게 꾸며져 있었다. 심플한 하얀 철제 선반과 원목 작업대를 진열대로 사용해서 판매하는 생활용품들을 돋보이게 하는 효과를 노린 듯했다.

싼스쉬안우는 SENSE 30 브랜드의 2호 매장이다. 1호점은 1930년대의 유럽풍 복고 자전거 용품점으로, 맞춤 제작된 신사용 자전거를 주력 상품으로 판매하고 있다. 2호점인 싼스쉬안우는 해외에서 한동안 유행했던 General Store의 개념을 도입한 상점으로, 엄선한 생활 명품만을 판매하는 곳으로 인식되고 있다. 그래서 이곳은 개업한 지 오래되지는 않았지만 벌써 여러 매체의 집중 조명을 받고 있었다. 〈GQ〉나 〈Shopping Design〉 같은 잡지의 에디터들이 이 가게에 관해 극찬한 기사를 어렵지 않게 찾아볼 수 있다.

"이 가게를 '싼스쉬안우'라고 이름 지은 것은 경제력을 갖춘 30세 이상의 엘리트들을 판매 대상으로 하기 때문이에요. 그들은 독립적인 사고와 자신만의 생활 패턴이 있어 남들과는 다른 스타일을 추구하는 경향이 있답니다. 또 그들에게 화

려한 삶은 필요치 않아요. 진정한 품위는 디테일에서 나오기 때문이죠. 그래서 이곳에는 가격이 비싼 명품 브랜드의 상품은 없답니다. 단지 아이디어와 스토리가 있는 제품을 통해 우아한 삶을 누릴 수 있다면 그들은 그것으로 만족해합니다."

가게 주인 아이사(Issa)는 이런 성향의 주요 고객을 위해 30여 개의 브랜드를 심사숙고해서 선별했고 의식주와 관련된 모든 제품을 취급했다. 그래서 매장에는 타이완의 신예 디자이너가 만든 의류, 일본 예술가가 제작한 일러스트 손가방, 예쁜 주방용 밀폐 용기, 50년도 넘은 회전식 샤프펜슬, 옛날 신사처럼 머리를 반지르르하게 만들어주는 헤어 오일, 라이프스타일류의 잡지 등 수많은 제품이 있었다. 심지어 이곳에서는 계절 한정 상품인 아리산의 우룽차(烏龍茶)와 커피도 판매했다. 종류가 너무 많아서 복잡해 보일 수도 있지만 가게에 있는 제품들은 다양함 속에서도 통일성을 갖추고 있었다. 게다가 뛰어난 디자인은 물론 실용성까지 겸비하고 있어 가게 주인의 고상한 취향이 그대로 드러났다.

Issa는 윤기 나는 올백 머리에 클래식한 동그란 안경을 쓰고 있었다. 적당한 속도로 점잖게 말하는 그의 모습에서 자못 영국 신사와 같은 분위기가 풍겼다. 그는 대학 때 시각디자인업계에서 일을 시작해 5, 6년간 줄곧 거리 패션 브랜드 디자인을 했다고 한다. 일을 그만둔 후에는 두 명의 친구와 함께 SENSE 30을 창립했고, 2호점인 싼스쉬안우는 독자적으로 개업해 운영하고 있다.

일반적으로 편집숍은 상품의 종류가 다양한 것이 특징이다. 나는 싼스쉬안우의 제품 선별 기준이 무엇인지 궁금했다. Issa는 먼저 가격, 품질, 디자인, 기능을 따져보고 마지막으로 가게의 이미지에 부합되는지 고려한 후 제품을 선정했다. 그리고 부담스럽지 않은 가격대의 물건 중에서도 품질이 우수하고 내구성이 뛰어난 제품만을 엄선해서 최종적으로 매장에 내놓는다고 한다.

그는 나에게 타이완 현지에서 생산된 명물들을 몇 개 추천해주었다. 회백색의 아무런 장식이 없는 꽃병은 원래 친구가 직접 만든 간장병인데, 간장병 위에 달린 코르크 마개를 제거하고 말린 꽃 가지 몇 개를 꽂아두었더니 환상적인 인테리어 소품으로 탈바꿈했다고 한다. 의도치 않게 만들어진 이 작은 소품은 많은 사람의 사랑을 받고 있었다.

타이완 22 Design Studio에서 시멘트로 만든 탁상시계도 매우 독특했다. 원형으로 층층이 쌓아 올린 12개의 회전 계단 위에 구리로 만든 시계 침이 공중에 붕떠 있는 것처럼 설치되어 있었다. 마치 시간이 공간 속에서 흐르고 있는 듯한 인상을 주었다. 눈으로 직접 보지 않았다면 시멘트로 이런 정교한 질감을 표현할수 있다는 사실을 믿지 못했을 것이다. 이 탁상시계를 테이블 위에 올려두면 고요한 시간의 흐름을 직접 느껴볼 수 있을 것 같았다.

리바이 원팡쥐(禮拜文房具, Tools to Liveby)에서 만든 원형 손잡이 가위는 가장 심플한 형태로 디자인되었다. 우아한 블랙과 골드 색상의 이 가위는 해외에서 직수입해온 것이라고 생각할 수도 있지만 놀랍게도 타이완 현지에서 만들어진 제품이다. 가위의 검은색 표면은 불소 수지로 코팅 처리되어 있어 사용할 때 잘 들러붙지 않는다고 한다. 이것 역시 매장 인기 상품 중 하나였다.

Issa의 개인 작업 공간은 매장과 쭉 이어져 있었는데, 벽에 걸린 선반과 작업대 위에는 가죽 제품을 만들기 위한 각종 도구가 놓여 있었다. Issa는 싼스쉬안우의 운영자이자 상품 선별 책임자이면서 동시에 가죽 제품 디자이너이기도 했다. Fragile 이쑤이핀(Fragile 一碎品)이 그가 만든 가죽 제품 브랜드이다. 그 외 싼스쉬안우 매장에서 판매하고 있는 자카드 카메라 어깨끈과 가죽 스트링 뱅글도 그가 직접 디자인해서 만든 것이라고 한다. 기하학 문양의 자카드 카메라 어깨끈은 편직 공예를 활용해서 만든 제품으로 튼튼하고 내구성이 있는 베지터블 가죽을 부속 재료로 사용했다. 특히 금속 버클이 달린 부분에 가죽 받침을 부착해서 카메라의 손상을 방지한 것을 보면 부품 하나하나에도 세심한 정성을 기울였다는 것을 알 수 있다. 다섯 가지 색을 조합해서 만든 가죽 스트링 뱅글도 유행하는 필수아이템으로 사람들의 주목을 끌고 있다.

Issa은 나에게 이쑤이핀(一碎品) 브랜드의 설립 동기와 제작과정에 대해 말해주었다. 그의 말에 따르면, 현재 생산되고 있는 가죽 제품 대부분은 전자제품을 보호하기 위해 만들어지는 것이라고 한다. 다시 말해 이쑤이핀(易碎品)*을 보호하기

* '깨지기 쉬운 물건'을 말한다.

위해 가죽 제품이 필요하다는 것이다. 이런 이유로 가죽 제품을 생산할 때는 내구성과 보호 기능에 가장 큰 중점을 둔다고 한다. 내구성이 유달리 강한 이쑤이핀 제품은 제작 기간도 꽤 오래 걸린다. 왜냐하면 이미 완성된 제품이라도 6개월 이상의 사용 테스트를 거쳐 문제점을 수정한 후 최종적으로 디자인을 확정해야 판매할 수 있기 때문이다.

Issa은 마지막으로 "제가 디자이너여서 그런지 물건을 고를 때 항상 제작 배경을 꼼꼼하게 따져보는 경향이 있어요. 제게 있어 '선택'이란 대중에게 끊임없이 새로운 콘셉트를 제안하는 것을 말한답니다. 그것이 우리가 모두에게 줄 수 있는 기쁨이라고 생각해요"라고 말했다.

내가 싼스쉬안우를 방문한 날은 무더위가 기승을 부리는 한여름이었다. 운 좋게도 그날은 싼스쉬안우와 랑차(琅茶, Wolf Tea)가 합작해서 만든 렁파오차(冷泡茶, Ice Tea)를 출시하는 날이었다. 나는 가게를 떠나올 때 예샹 우룽차(野香烏龍茶) 한 병을 사서 나왔다. 한 모금 마셔보니 은은한 꽃향기가 입안에서 감돌았고, 병도 버리기 아까울 정도로 예뻐서 싼스쉬안우가 엄선한 명물로 손색이 없었다.

INFO

☐ 臺北市中正區羅斯福路3段210巷10號
☐ +886-2-2367 3398
☐ 월~토 13:00~21:00 | 일 13:00~19:00 | 화요일 정기 휴무
☐ https://www.30select.com/

칭톈치류 靑田七六

융캉제를 떠나기 전에 잠시 칭톈항(靑田巷)쪽으로 산책길에 나섰다. 10분 정도 걷다 보니 지금까지 보아온 도시 풍경과는 전혀 다른 분위기의 거리가 나타났다. 좁은 골목에는 여기저기 마구잡이로 들어선 점포들 대신에 무성한 나무 그늘만이 가득 채워져 있었다. 이곳에 와서 발걸음을 한 템포 늦추고 잠시 여유로운 시간을 가져보는 것도 좋을 것 같았다.

칭톈치류는 서양식 건축양식이 가미된 낡은 주택 건물로, 칭톈제(靑田街) 7항 6호에 자리 잡고 있다. 주소만 보아도 '칭톈치류'라는 이름이 지어지게 된 배경을 짐작할 수 있을 것 같았다. 주택 외부에 쳐둔 나무 울타리 위에는 '靑田七六' 네 글자가 검은색으로 크게 쓰여 있고, 그 옆에는 '馬延英故居(마옌잉의 옛집)'라고 쓰인 자그마한 간판이 붙어 있다. 이 집은 원래 타이완 대학의 지질학과 교수였던 마옌잉 선생의 집이었다. 그런데 이 아름다운 고건축물이 제대로 관리되지 못해 점점 황폐해지자 그것을 안타깝게 생각한 마옌잉의 대학 동문이 이곳을 대외에 개방해서 내부를 구경하거나 식사를 할 수 있는 공간으로 만든 것이다.

칭톈치류는 건축할 당시 일본과 서양의 건축양식을 혼재해서 지었다고 한다. 예를 들어 다다미방이나 좁고 긴 천정 복도는 일본 건축양식을, 식당과 응접실은 서양 건축양식을 기초로 해서 지은 것이다. 80여 년간 세월의 모진 풍파를 겪었음에도 칭톈치류는 여전히 예전의 아름다운 모습을 유지하고 있었다. 이곳은 예약제로 운영되고 있어 방문 전 확인이 필요하다. 아마 고건축물의 훼손을 방지하기 위해서인 듯했다. 그리고 참관하는 관광객들에게 건물에 얽힌 이야기를 정확하게 전달해주기 위한 배려이기도 했다.

☐ 臺北市大安區靑田街7巷6號
☐ +886-2-2391 6676

샤오바이투 창펜 小白兔唱片, White Wabbit Records

타이완 사범대학 부근 푸청항(浦城巷) 내에 있는 샤오바이투 창펜은 인디
음악을 전문으로 취급하는 레코드숍이다. 창업자 KK에 의해 이 레코드숍
은 타이완 인디 밴드들의 음악을 제작하고 발행하는 음반사로 발돋움하
게 되었다. 개업한 지 10년이 넘어 음악 팬들 사이에서는 이미 입소문이
나 있는 가게였다.

'샤오바이투'라는 가게 이름은 KK가 지은 것인데, 대중들이 무거운 분위
기의 로큰롤을 가볍고 부드럽게 받아들이기를 바라는 마음에서 귀여운
이름을 붙였다고 한다. 가게의 분위기도 내가 생각했던 것과는 전혀 달랐
다. 거칠고 전위적인 분위기를 상상했지만 오히려 밝고 평화로운 느낌이
들 정도였다.

꼼꼼한 성격의 젊은 숍매니저는 음반을 종류별로 분류해서 각각의 구역
에 차곡차곡 정리해두었고, 외국 음반 위에는 음반에 대한 간단한 설명을
포스트잇에 적어 붙여놓았다. 아마도 음악 팬들이 자신의 취향에 맞는 음
악을 쉽게 찾을 수 있도록 배려해놓은 것 같았다. 무엇보다 이곳이 매력적
인 것은 매장 내의 모든 음반을 먼저 들어보고 구매할 수 있다는 점이었
다. 이런 이유로 샤오바이투는 음악의 성지(聖地)로 자리매김해 많은 음악
팬들의 발길이 끊이지 않고 있다.

□ 臺北市大安區浦城街21巷1-1號1樓
□ +886-2-2369 7915

CHICACA

시크한 스타일의 가게 주인 한스(Hans)는 20년 동안 미국의 각종 앤티크 완구를 수집해왔다고 한다. 수집품이 점점 늘어 집 안에 둘 곳이 마땅치 않아지자, 결국 2013년에 타이완 사범대학 부근의 한 골목 안에 이 완구 잡화점을 열게 되었다. 현재 CHICACA는 수많은 타이완 완구 수집가의 열렬한 추앙을 받는 곳으로 알려져 있다.

매장 내부는 약간 거칠어 보이는 미국의 인더스트리얼 스타일로 꾸며져 있고, 셀 수 없이 많은 장난감과 소품들이 낡은 나무 장식장이나 상자 위에 빽빽하게 진열되어 있다. 1980년도는 고전 애니메이션이나 영화, TV를 통해 수많은 캐릭터가 탄생되던 시기로 이곳의 좁은 매장 안에는 그 당시 유행했던 캐릭터 인형들이 무척 많았다. 예를 들면 E.T., 스파이더맨, 슈퍼맨, 심프슨 가족, 닌자 거북이, 사탄의 인형 처키, 작은 요정, 스타트렉의 미스터 스폭 등 없는 게 없을 정도였다.

특이한 점은 매장 안에 비틀스와 관련된 장난감이 잔뜩 진열되어 있다는 것이다. 비틀스 앨범과 세트를 이루는 멤버들의 피겨, 비틀스의 노란 잠수함 장난감, 비틀스 벽걸이 시계 등을 통해 가게 주인이 비틀스의 열렬한 팬이라는 것을 알 수 있었다. 수많은 장난감 속에서 잠시 나는 애니메이션의 황금시대를 체험한 기분이 들었다.

☐ 臺北市大安區泰順街38巷26號1樓
☐ +886-2-2368 0387

MRT 둥먼역 捷運東門站
신이루 2단 信義路2段
다안선린 공원역
捷運大安森林公園站

아이궈둥루 愛國東路
진산난루 2단 金山南路2段
융캉제 永康街
위수이제 雨水街

진화 중학교
金華國中

다안선린 공원
捷運大安森林公

차오저우제 潮州街
진화제 金華街
칭톈제 青田街
신성 초등학교
新生國小
신성난루 2단 新生南路2段

히핑둥루 1단 和平東路1段

타이완 사범대학교
臺灣師範大學
스다루 師大路
룽취안제 龍泉街
원저우제 溫州街

젠궈 고가도로 建國高架道路
뤄쓰푸루 羅斯福路

타이뎬 다러우역
捷運嘉德大樓站

신성난루 3단 新生南路3段
타이완 대학교
臺灣大學

# #

1 핀모량항 Street Shop

2 하이짜이(현재는 폐업함)

3 샤오난펑

4 즈우성훠 문구

5 싼스쉬안우

Shop+

1 칭텐치류

2 샤오바이투 창펜

3 CHICACA

1 쯔텅루 紫藤廬, Wistaria Tea House

쯔텅루는 1920년대에 지어진 목조 건축물로 꽤 중후한 분위기를 풍기는 곳이다. 1981
년에는 찻집으로 개조되어 타이완 최초의 문학 살롱 역할을 했다. 이곳은 도가(道家)의
미학 사상과 자유분방한 분위기가 깊게 스며들어 있어 타이완 시민들이 차를 마시며
휴식을 즐기거나 문학과 예술을 토론하는 공간으로 사용되고 있다.

   □ 臺北市大安區新生南路3段16巷1號
   □ +886-2-2363 7375

2 허볜성훠 河邊生活, Liv'in Riverside

이곳은 단순한 커피숍이 아닌, 도시 사람이 지역사회나 작은 마을에서 생산된 공예품
을 접해볼 수 있는 교류의 장소이다. 신성난루 3단(新生南路3段)에 있는 이 작은 가게에
서는 소박하면서도 흥미로운 타이완 원조 브랜드의 수공예품을 구경할 수 있다.

   □ 臺北市大安區新生南路3段16-1號
   □ +886-2-2356 3362

3 뉘 서점 女書店

1944년에 설립된 타이완 최초의 페미니즘 서점으로 '여성의, 여성에 의한, 여성을 위
한' 책을 선별해서 판매하는 것을 원칙으로 하고 있다.

   □ 臺北市大安區新生南路3段56巷7號2樓
   □ +886-2-2363 8244

④ 주샹쥐 舊香居

주샹쥐의 주인 우야후이(鳴雅慧) 선생은 프랑스에서 거주하다가 타이완으로 돌아온 후 아버지로부터 이 고서점을 물려받아 지금은 직접 운영하고 있다. 그녀는 자신만의 독창적인 사고와 외국에서 습득한 풍부한 견문을 활용해서 여러 문인과 함께 이곳에서 각종 전람회와 강좌를 개최하기도 했다. 문인들의 교류 장소인 주샹쥐는 명실상부한 타이베이의 대표적인 문학 살롱으로 인정받고 있다.

□ 臺北市大安區龍泉街81號1樓
□ +886-2-2368 0576

⑤ 치우후이 원쿠 秋惠文庫, Formosa Vintage Museum Café

치우후이 원쿠는 의사 린위팡(林於昉)이 아버지 린치우장(林秋江)과 어머니 천수후이(陳淑惠)를 기리기 위해 만든 타이완의 역사 문물 커피숍이다. 내부에는 타이완의 역사가 깃들어 있는 문물들이 전시되어 있어 그 당시의 생활 모습을 생생하게 체험해볼 수 있다.

□ 臺北市大安區信義路2段178號3樓
□ +886-2-2351 5723

⑥ 다오민 스튜디오 島民工作室, Islanders Studio

예술과 디자인업계에서 종사하는 사람들이 함께 설립한 복합형 문예 공간으로 대중에게 전시홀로 개방되고 있다. 이곳에 오면 정기적으로 개최되는 서화, 디자인, 조소, 도서 등의 각종 전시회를 관람할 수 있다.

□ 臺北市大安區潮州街95號1樓
□ +886-2-2396 9208

⑦ 뤼런 수팡 旅人書房, Zeelandia Travel&Books

여행을 테마로 한 독립 서점으로 인문, 자연, 탐험, 지도, 미식 등 다양한 여행 관련 도서들을 판매하고 있다.

□ 臺北市大安區靑田街12巷12-2號2樓
□ +886-2-2322 4772

⑧ 허밍간웨이 和茗甘味, Myowa Japanese Sweets Café

다년간 일본에서 살았던 왕바이위안(王柏元) 사장은 타이완으로 돌아온 후 말차를 가미한 창의적인 디저트숍을 개업했다. 그는 질 좋은 말차를 원료로 해서 다양한 프랑스식 디저트를 만들어 말차 밀푀유, 말차 스위스롤, 말차 티라미수 등을 선보이고 있다. 이곳은 말차 홀릭인 사람들에게 말차의 새로운 맛을 선사해준다.

　□ 臺北市大安區金華街221號1樓
　□ +886-2-2351 8802

⑨ 주바오허 파스 덴신팡 珠寶盒法式點心坊, Boîte De Bijou

리수이제(麗水街) 능항에 우아하게 자리 잡은 주바오허 파스 덴신팡은 정통 프랑스식 디저트숍으로 알려져 있다. 10여 년의 역사를 보유한 이 가게에서는 유럽식 빵, 프랑스식 쿠키류와 디저트류, 수제 초콜릿, 프랑스식 과일 캔디 등을 맛볼 수 있다.

　□ 臺北市大安區麗水街33巷19號
　□ +886-2-3322 2461

⑩ 자오허팅 문물 마켓 昭和町文物市集

자오허팅 문물 마켓은 융캉제 능항 부근에 자리 잡고 있다. 예전에는 이곳을 '자오허 시장(昭和市場)'이라고 불렀지만 현재는 '진안 시장(錦安市場)'으로 명칭이 바뀌었다. 시장 내에 있는 20여 개의 점포에서는 골동품을 주로 판매하고 있다. 옛 시절의 정취를 그대로 간직하고 있는 이곳에 오면 골목 어딘가에 깊숙이 숨겨진 보물을 발견할 수 있을지도 모른다.

　□ 臺北市大安區永康街60號
　□ +886-2-2392 7128

⑪ 디추수 地球樹, Earth Tree

타이완에서 최초로 공정무역 수공예품을 판매한 상점이다.

　□ 臺北市大安區新生南路2段30巷35-1號
　□ +886-2-2394 9959

번외편

1

화산원창 단지

華山文創園區

×

하오양 쓰웨이(好樣思維, VVG Thinking)

화산원창 단지를 돌아다니다 보면 빗물에 침식되어 얼룩덜룩한 흔적이 남아 있는 오래된 창고 건물들을 볼 수 있다. 묵직한 나무 창틀이 끼워진 건물에서 고건축물만의 중후한 분위기가 풍겼다. 100년 전 쌀 막걸리 양조장, 매실주 양조장, 와인 저장고, 과실주 창고, 증류실, 보일러실로 사용되었던 이 건물들은 화려했던 지난날의 모습을 그대로 간직한 채 현재는 전시장, 갤러리, 원창 상점, 커피숍, 주점, 음식점 등의 다양한 공간으로 탈바꿈했다. 또 단지 내에 있는 넓은 공터는 공연장이나 시장 등 문화예술 공간으로 사용되고 있다.

화산원창 단지의 정식 명칭은 '화산 1914 문화와 창의 단지(華山1914文化創意園區)'로, 타이베이에서 가장 번화한 중샤오둥루(忠孝東路) 일대에 자리 잡고 있다. 한때 이곳은 일부 사람의 고루한 도시계획으로 인해 폐허가 될 위기에 처한 적이 있었다. 낡은 건물은 무조건 헐어버리고 새 건물을 짓는 것만이 지역의 상업적 가치를 높일 것이라는 믿음 때문이었다. 하지만 최근에 이곳은 타이완의 원창 문화가 집결하면서 생활 미학을 실천하는 체험의 장으로 변모하고 있다. 이러한 변화를 통해 우리는 타이완의 더 많은 발전 가능성을 내다볼 수 있게 되었다.

창고 건물 사이에 나 있는 좁은 골목길에는 반얀트리가 무성하게 자라나 있었다. 거리를 따라 정처 없이 걷다 보면 크고 작은 고건축물 사이에 숨어 있는 새로운 숍을 운 좋게 발견할 수도 있을 것이다. 대표적인 곳으로는 매번 새로운 문화

예술 작품을 선보이고 있는 멀티 전시 공간인 타이베이 훙관(臺北紅館, Taipei Brick House)이 있다. 그리고 고전 명작 영화와 최신 영화를 모두 상영하는 광뎬 화산 영화관(光點華山電影館)도 있는데, 이곳에서 영화를 보면 전 세계를 돌아다니며 여행하는 듯한 여유로움을 만끽할 수 있다. 또 타이완에서 규모가 가장 큰 인디 음반 회사인 펑차오 뮤직(風潮音樂, Wind Music)은 이미 오래전부터 화산원창 단지에 뿌리를 내리고 있었다. 펑차오 뮤직은 화산원창 단지를 찾는 사람들의 몸과 마음에 쌓인 스트레스를 풀어주기 위해 음악 공원을 만들기도 했다.

화산원창 단지는 매달 새로운 모습으로 단장하곤 하는데, 내가 이곳을 처음 방문한 2013년도에는 이런 정보를 잘 알지 못해서 아무 생각 없이 그냥 돌아다니기만 했었다. 그러다가 우연히 하오양 쓰웨이(好樣思維, VVG Thinking)를 알게 되었다. 하오양 쓰웨이는 100년 된 붉은 벽돌 건축물에 음식점, 서점, 잡화점, 전시 공연장을 입점시킨 신개념 문화 공간이다. 앤티크와 모던 스타일을 결합해 꾸며진 이곳이 오랫동안 기억에 남았다.

안으로 들어서니 가장 먼저 수많은 초록빛 식물이 눈에 들어왔다. 그리고 온통 붉은빛으로 가득한 벽돌담, 앤티크한 가구들, 천장에 달린 크리스털 샹들리에, 바닥을 화려하게 수놓은 패턴 타일 등이 조화를 이루어 복고적인 분위기가 물씬 풍겼다. 붉은 벽돌로 장식된 벽면은 고풍스러우면서도 넓어 보였고 여러 예술가의 그림으로 채워져 있어 단조롭거나 차가운 느낌은 전혀 들지 않았다. 벽면에 걸린 그림들은 주기적으로 교체해 변화를 주었다. 이곳은 획일화된 컬러를 지양해서 오히려 예술적 분위기가 한층 더 짙어진 것 같았다. 그리고 테이블 위나 구석진 공간에 장식된 꽃들은 레스토랑에 생기를 불어넣어주는 듯했다.

1층은 원래 음식을 먹는 공간이지만 식당 벽면에 그림을 걸어 전시하는 '중러러(衆樂樂)' 갤러리로 사용했다. 전시되는 예술작품은 회화에서부터 사진에 관련된 것까지 매우 광범위하다. 창작 예술을 일상생활에 접목한 이런 전시 방식은 최근 2년간 타이완에서 유행처럼 번져나갔다. 갤러리는 엄숙한 분위기일 것이라는 고정관념을 깨고 음식을 먹으면서 눈앞에 보이는 작품에 대해 편하게 이야기를 나눌 수 있게 된 것이다. 이제는 고리타분하고 난해했던 창작 예술에 대한 높

은 장벽이 무너진 셈이다.

계단을 따라 2층으로 올라가다 보면 층계참 위쪽에 설치된 거대한 날개 모양 조형물이 눈에 띌 것이다. 기어를 작동하면 돛천*으로 만들어진 날개가 파닥거리는 소리를 내며 움직인다고 한다. 사람들은 이 예술 조형물을 '쓰웨이즈이(思維之翼, 생각의 날개)'라고 부른다. 아래층에서 이 조형물을 바라보면 멀게 느껴지지만 막상 2층으로 올라가 보면 아주 가까운 곳에 있다는 것을 알게 된다. 이것이 바로 디자이너 리징화(李經華)의 제작 의도이다. '생각의 날개' 조형물처럼 인류의 사고도 무궁무진하고 한계가 없다는 것이다. 만약 당신이 2층으로 올라가게 되면 생각에 날개가 달린 것처럼 끝도 없는 상상의 세계로 훨훨 날아갈 수 있을 것이다.

사실 이곳은 하오양 번스(好樣本事, VVG Something)의 확장판이라고 할 수 있다. 언제인지 기억나진 않지만, 비 내리는 어느 날 밤에 '전 세계에서 가장 아름다운 서점 20곳' 중 하나로 선정된 하오양 번스를 찾아간 적이 있다. 작은 매장 중앙에 놓인 기다란 원목 테이블 위에는 각종 디자인, 예술, 사진, 요리, 꽃꽂이 관련 서적들이 쭉 진열되어 있었다. 이 서점의 주인인 왕리친(汪麗琴)이 세계 각지를 돌아다니며 수집한 책들이라고 한다. 군데군데 진귀한 한정판 서적이 꽤 눈에 띄었고, 벽 쪽에 놓인 선반 위에는 정교하게 만들어진 잡화들이 진열되어 있었다. 그중 100년 전통의 일본 브랜드 히로타 글라스(廣田硝子, Hirota Glass)의 유리컵은 매우 투명해서 불빛을 비추면 마치 달빛이 반사된 것처럼 맑은 빛이 났다.

하오양 쓰웨이의 2층 공간은 하오양 번스 인테리어의 연장선에 있는 것 같았다. 하오양 번스처럼 책장이나 나무 테이블로 각각의 구역을 구분해 컵이나 화분 같은 용기에서부터 사무용 문구까지 50개가 넘는 우수 브랜드의 생활용품들을 놓아두었다. 이곳에 가면 눈길이 닿는 곳마다 다양한 물건을 골라보는 색다른 재미를 느껴볼 수 있다.

우와이 디자인 스튜디오(物外設計工作室, Y Studio)에서 제작한 황동 펜은 그립감과 무게감이 적당해서 편하게 글을 쓰기에 좋을 듯했다. 중량감이 있는 황동으로

---

* 돛을 만드는 데 쓰는 질긴 천

만들어졌기 때문에 이 펜을 사용하면 그동안 잊고 있었던 '문자의 무게'를 느낄
수 있을 것이다. 황동 펜은 처음에는 반짝거리지만 사용할수록 손때가 묻어 펜의
색이 변하게 된다. 이런 색의 변화는 '글쓰기의 온도'에 관한 개념도 끌어냈다. 펜
을 제작한 디자이너는 "차가운 현대사회에서 컴퓨터를 잠시 끈 다음, 펜을 들고
가장 진실한 마음으로 글을 써보면 퇴색해버린 인간의 정을 되찾을 수 있을 것이
다"라고 말했다. 디자이너의 제작 의도를 알고 나니 오랫동안 펜을 사용하지 않
았던 나 자신이 몹시 부끄러워졌다.

타이완의 종이 예술가 페이크스터(Fakester)가 디자인한 '화선린첸 녠쓰서우(花
神靈簽卄四首)'는 내가 가장 좋아하는 작품으로 화선지 같은 반투명한 종이 위에

24절기의 꽃을 금박으로 새겨 넣은 것이다. 입체감이 돋보이는 꽃문양과 아름답게 표현된 선들에서 정밀화의 기품이 그대로 느껴졌다. 고대법에 나와 있는 음력을 기준으로 24절기를 나누어 그 절기에 맞는 꽃을 그려놓았고, 꽃문양 아래쪽에는 당송(唐宋) 시기의 시가(詩歌)가 쓰여 있었다. 이 스물네 장의 종이쪽지는 나무 상자에 정성스럽게 포장되어 있어서 작품을 만든 이의 마음이 담겨 있는 듯했다.

사람을 매혹하는 분위기 속에서 예쁜 디자인작품들을 보고 있으니 사진을 찍고 싶은 충동이 일었다. 불행 중 다행으로 어디에도 '촬영 금지'라는 경고 문구가 붙어 있지 않았고, 갑자기 점원이 나타나 '죄송합니다만……'이라고 말하는 나지막한 목소리도 들리지 않았다. 그뿐만 아니라 어디를 가든 졸졸 따라다니며 등 뒤에 꽂혔던 따가운 감시의 시선도 없었다. 이런 자유로운 분위기는 하오양 쓰웨이의 가장 큰 매력 중 하나이다. 이곳의 주인은 아름다운 물건을 보면 카메라에 담고 싶은 충동이 생기는 건 당연한 일이라고 말했다. 물론 표절이나 도용의 우려가 있지만, 이런 섬세한 디자인작품은 누구도 따라 하지 못할 것이라는 자신감에 차 있었다.

2층 한쪽 구석에는 유리 벽으로 둘러싸인 2m² 남짓한 독립된 공간이 있었다. '두러러(獨樂樂)'라 불리는 이곳은 일종의 미니 전시장으로 정기적으로 예술 전시회를 개최하고 있었다. 그런데 전시 개념이 1층에 있는 중러러와는 조금 달랐다. 이 자그마한 두러러 전시장에는 한 번에 한 사람만 들어갈 수 있어서 혼자서 예술작품을 감상하며 속마음을 털어놓을 수 있었다.

하오양 쓰웨이에서는 이처럼 멋스러운 건축 공간을 감상하거나 맛있는 음식을 맛볼 수도 있지만 전시나 강연 등 각종 예술 활동을 통해 더 많은 예술적 영감을 얻을 수도 있다. 이것이 바로 하오양 쓰웨이가 추구하는 진정한 'Thinking'의 정신이다. 나는 하오양 쓰웨이를 통해 10년의 역사가 있는 하오양 그룹에 대해 많은 것을 알게 되었다. 하오양 그룹 산하에는 하오양 식당(好樣餐廳, VVG Bistro), 하오양 번스, 하오양 시환(好樣喜歡, VVG Chiffon), 하오양 칭스(好樣情事, VVG Action)가 있다. 이들의 영업 형태가 총체적으로 집결된 것이 바로 '하오양 쓰웨이'이다. 식당, 갤러리 운영에서부터 잡화, 예술품 판매까지 하오양 쓰웨이는 끊임없이 사

업 영역을 확장하고 있다. 이곳에 있는 화원조차 꽃집을 크게 확장해서 조성한 것이라니 놀라울 따름이다.

왕리친 대표는 하오양 그룹의 발전사에 대해 다음과 같이 말했다. "VVG는 10여 년이라는 세월 동안 골목 안 작은 점포에서 시작해 현재 여러 사업 분야를 갖춘 기업체로 발전했습니다. 우리는 라이프스타일을 이용한 도시 생활 미학을 사람들에게 전파하기 시작했고, 그중에서도 가장 자랑할 만한 것은 과감하게 생각하고 행동해서 최고의 열정과 고집으로 그룹을 탄생시킨 것입니다. 여러분이 VVG에서 맛있는 음식을 먹거나 작품을 감상하며 여유로운 시간을 보낼 때도 가능한 한 마음을 열고 열심히 사고해야 진정으로 변화할 수 있습니다. 앞으로도 부단히 노력하여 더 나은 모습으로 여러분을 만나겠습니다. 저희 VVG는 모든 직원, 요리사, 디자이너, 예술가, 사진작가, 작가는 물론이고 이곳을 찾는 여러분까지 모두가 함께 노력해서 더 나은 모습으로 발전해나갈 것을 약속합니다."

하오양 그룹은 약속을 지켰다. 그리고 왕 대표의 말대로 타이완 사람들도 화산원창 단지나 하오양 그룹을 통해 타이베이의 미학을 발전시키기 위해 지속적인 관심을 보일 것이다.

INFO

화산원창 단지

☐ 臺北市中正區八德路1段1號

☐ +886-2-2358 1914

☐ http://www.huashan1914.com/

—

하오양 쓰웨이

☐ 華山文創産業園區 · 紅磚六合院/C棟

☐ +886-2-2322 5573

☐ 월~일 12:00~21:00

INFO+

하오양 식당

☐ 臺北市大安區忠孝東路4段181巷40弄20號

☐ +886-2-8773 3533

☐ 월~금 12:00~21:00 | 토, 일 11:00~21:00

—

하오양 번스

☐ 臺北市大安區忠孝東路4段181巷40弄13號

☐ +886-2-2773 1358

☐ 월~일 12:00~21:00

—

하오양 시환

☐ 臺北市大安區忠孝東路4段181巷40弄18號

☐ +886-2-2751 5313

☐ 월~일 12:00~21:00

—

하오양 칭스

☐ 臺北市信義區煙廠路88號B2層(誠品生活松菸店)

☐ +886-2-6636 5888 #1901

☐ 월~일 11:00~22:00

2

쓰쓰난춘
四四南村

X

하오, 추(好, 丘, Good Cho's)

타이베이 101/세계무역센터 지하철역에서 내려 출구로 나오자 바로 뒤쪽에 타이베이의 랜드마크인 101 빌딩이 보였다. 주변은 온통 빌딩 숲 천지로 변화한 대도시의 모습 그대로였다. 신이루(信義路)를 따라 걷다가 좡징루(莊敬路)로 들어서니 파릇파릇한 잔디가 융단처럼 깔린 넓은 녹지가 나타났다. 멀지 않은 곳에 줄지어 들어서 있는 고택과 멋들어지게 조화를 이룬 반얀트리 고목들이 눈에 들어왔다. 이곳이 바로 타이완 최초의 쥐안춘(眷村)*인 쓰쓰난춘으로, 현재는 '신이 공민회관(信義公民會館)'이라 불린다.

금싸라기 땅인 신이취(信義區)에 이토록 옛 정취가 그대로 보존된 곳이 있을 줄은 상상도 못 했다. 원래 쥐안춘 문화는 타이완 문화에서 매우 중요한 부분을 차지하고 있지만, 도시가 발전하면서 쥐안춘 문화의 핵심이었던 쓰쓰난춘도 철거될 운명에 처하게 되었다고 한다. 하지만 다행스럽게도 문화계 인사들의 적극적인 도움으로 대표적인 몇몇 집은 보존할 수 있게 되었고, 이후 이곳은 쥐안춘의 옛 모습을 그대로 유지하면서 다양한 문화예술 공간으로 자리매김하기 시작했다.

반얀트리가 늘어서 있는 골목길 안으로 들어서니 쥐안춘 고택이 나타났다. 연

* 국민당과 공산당의 국공 내전 당시 중국 본토에서 이주한 국민당 군인과 가족이 거주하던 마을

동식 구조로 지어진 단층집들에는 세월의 흔적이 고스란히 남아 있었고, 기와로 이은 처마와 회색빛 시멘트벽에는 빨강, 파랑, 초록으로 포인트를 준 문과 창틀이 끼워져 있었다. 마치 현대사회를 향해 문을 활짝 열겠다는 의지의 표현 같았다. 그리고 자칫 칙칙해 보일 수 있는 건물의 모퉁이나 벽 위를 싱싱한 화초로 장식해놓아서 생기가 넘쳐 보였다.

입구에 세워진 표지판을 자세히 보니 이곳은 A, B, C, D 4개의 전시관으로 구분되어 있었다. A관은 예술가 개인이나 단체의 작품을 전시하는 공간으로 사용되고 있고, B관은 쥐안춘 문화관으로 이곳에 거주했던 사람들이 사용한 골동품들을 전시해 당시의 생활 모습을 살펴볼 수 있다. 그리고 D관은 예전에 이곳에서 살았던 주민들의 모임 장소로 활용되고 있다. Simple Life 그룹이 경영을 맡은 C관에는 디자인 생활용품을 판매하는 상점과 타이완 현지 농산물과 음식을 함께 판매하는 하오, 추가 있다. 또 주말에는 젠단 마켓(簡單市集, Simple Market)이나 음악, 문학 관련 전시나 공연이 열리기도 해서 이곳은 완벽한 타이베이의 문예 휴식 공간으로 자리잡고 있었다.

하오, 추는 Simple Life 젠단성훠제(簡單生活節)에서 파생된 콘셉트숍이다. 젠단

성휘제는 2006년부터 2년마다 한 번씩 개최되고 있는데, 창립자인 장페이런(張培仁) 선생은 "나날이 복잡해지는 세상 속에서 아름다운 사람이나 사물을 현지 생활을 통해 찾자"라는 창립 이념을 실현하기 위해 신구(新舊) 문화가 공존하고 있는 쓰쓰난춘에 터를 잡았다. '하오, 추(好, 丘, Good Cho's)'라는 이름은 쓰쓰난춘에 있는 작은 '언덕(丘)'과 'Good Choice'를 조합해서 만든 것으로 탁월한 삶을 선택하자는 의미가 담겨 있다.

하오, 추는 쥐안춘의 주변 환경과 조화를 이루기 위해 최소한의 인테리어를 지향했다. 시멘트로 지어진 두 채의 고택 사이에 있는 작은 입구는 눈에 잘 띄지도 않아서 앞에 놓인 작은 철제 간판을 보고 그곳이 입구임을 겨우 알아챌 정도였다. 장식도 출입문 위쪽에 달린 작은 펜던트 조명등 몇 개가 전부였다. 매장 내부는 예상외로 무척 넓었는데, 두 채의 쥐안옥(眷屋)*을 연결해서 좁지만 긴 공간을 만들어낸 것이다. 예전에 방으로 사용했던 모퉁이 공간은 테마별 상품을 판매하는 곳으로 개조했고, 매장 전체 인테리어는 '정감과 추억'을 메인 테마로 설정

---

* 쥐안춘에 있는 주택 형태

해서 꾸몄다고 한다. 그래서 지금은 보기 힘든 옛 물건들을 구해서 인테리어 소품으로 사용했다. 낡았지만 튼튼해 보이는 나무상자나 책장을 진열장으로 만들었고, 등받이가 없는 낡은 의자도 최소한의 인테리어를 설정하는 데 한몫하고 있었다. 심지어 시렁 위에 대충 얹혀 있는 물건들도 꾸미지 않은 듯한 매력을 발산하는 것 같았다. 천장에 매달린 전등갓은 50년 전통의 다퉁 전자밥솥(大同電鍋)의 뚜껑에서 영감을 얻어 만든 것이라고 한다. 지금껏 본 적 없던 새로운 디자인이었다.

모퉁이에 있는 첫 번째 방 문틀 위에는 '쓰쓰 생활용품 · 철물 잡화(四四日用品 · 伍金什貨)'라고 적힌 현수막이 걸려 있었다. 안으로 들어가 보니 리폼된 구제 잡화가 가득했다. 가장 마음에 들었던 것은 얼스얼(貳拾貳)에서 만든 엠보싱 꽃문양 유리컵 받침대였는데, 타이완 고건축물에 사용되었던 꽃문양을 유리컵 받침대에 넣어 재가공한 신개념 디자인 제품이다. 엠보싱 꽃문양 유리는 반투명한 유리에 문양을 넣은 것으로 옛날에는 햇빛 차단과 인테리어용으로 이 유리를 사용했다고 한다. 디자이너는 해당화, 별, 다이아몬드 문양을 조합해서 예쁜 컵 받침을 만들어냈다. 이곳은 옛날 물건에 실용성을 더해 현대적으로 재가공한 후 다시 우리 곁으로 돌려주는 역할을 하고 있었다.

하오, 추 매장에서는 다양한 현지 농산물도 판매하고 있었다. 그런데 이곳은 농산물에도 전통과 창조를 중시하는 타이완 특유의 원창 요소가 깃들어 있는 듯했다. 브랜드 이미지나 사업 확장에는 상관없이 오롯이 상품 자체의 품질에만 주력하는 모습이 바로 그것이다. 이런 그들의 모습은 우리가 본받을 만했다. 예를 들어 '우창(無藏)'이라는 타이완 전통차를 보면 겉 포장에 참신한 삽화를 그려 넣고 품종에 따라 재미있는 이름을 붙여놓았다. '타고난 우아함', '어리광', '처음 본 초록빛' 등 기발한 차 이름에 웃음이 절로 났다. 지인들에게 선물로 줄 기념품으로 제격인 듯했다. 그리고 '탕포추(唐婆醋)'도 마찬가지였다. 탕포추는 깊은 산골에 사는 탕포 부부*가 직접 빚어 만든 식초를 말한다. 미생물 유전공학에 대한 전

---

* 예술가이자 바이지산(白鷄山) 가정 미술관(家庭美術館) 관장인 라이탕야(賴唐鴉)와 탕포(唐婆)라 불리는 그의 아내 가오친위(高沁余)를 일컫는다.

문 지식이 있던 아내 탕포는 산속에서 나는 광천수와 무공해 자연산 식재료를 배합한 후 두 번 발효시켜 식초를 만들었다. 그들은 한 번 빚은 식초는 반드시 10년 이상 묵혔다. 현미 식초, 매실 식초, 우엉 식초, 솔잎 식초 등 식초의 종류도 다양했다. 하오, 추에 가면 종류별로 병에 담아 각각 다른 색깔의 면포로 밀봉해둔 탕포추를 구매할 수 있다.

현재 이곳에서 판매하는 수많은 먹거리 중에서 타이완의 방송 크리에이터 왕웨이중(王偉忠) 선생과 그의 손위 누이 왕룽룽(王蓉蓉)이 함께 만든 음식 브랜드 푸중쯔하오-웨이중 누이의 쥐안춘 요리(福忠字號-偉忠姐姐的眷村菜)를 거론하지 않을 수 없다. 쥐안춘 출신 왕웨이중 선생은 고향을 소재로 한 〈바오다오(타이완)의 한 마을(寶島一村)〉을 기록 영화와 드라마, 연극으로 제작했다. 그 후 줄곧 고향 마을에 관심을 갖게 되면서 쥐안춘 음식을 잘 만드는 누이의 솜씨를 사람들에게 선보여 쥐안춘의 문화도 함께 체험할 수 있는 공간을 만들게 되었다고 한다. 이 식당의 대표적인 쥐안춘 요리는 물만두, 루웨이, 소시지, 자장면이며, 엄마의 손맛이 느껴지는 샹충 러우싸오장(香蔥肉臊醬),* 구구장(菇菇醬),** 스페셜 자장(招牌炸醬)*** 등의 장 요리도 함께 판매하고 있다.

계속해서 앞으로 걸어가다 보니 식당 구역이 나타났다. 오픈형 주문 카운터 위쪽에는 10여 종의 베이글 메뉴판이 걸려 있고, 바 테이블 위에 진열된 윤기 가득한 베이글에서는 독특한 보리 향이 났다. 베이글은 하오, 추의 시그니처 메뉴로 매장에서 직접 구워서 판매하는데, 아이원(愛文)의 망고나 타이눙 66호(臺農66號)의 고구마와 같은 타이완 현지 농산물을 베이킹 재료로 사용하고 있다. 베이글 앞에 놓인 아크릴 꽂이에는 빵 안에 들어간 재료와 맛을 상세하게 써놓았다. '토

* 쪽파와 다진 고기를 넣어 만든 소스의 일종
** 버섯, 고기, 된장을 넣어 만든 소소의 일종
*** 자장면처럼 주식에 함께 곁들여 먹는 소스의 일종

란과 절인 달걀 황베이글(芋頭鹹蛋黃貝果)'이라고 쓰인 꽂이에는 '토란을 넣은 베이글과 절인 달걀 다진 것이 들어간 달콤한 토란 페이스트 필링, 한 번 먹으면 절대 잊기 어려운 맛'이라고 쓰여 있었다.

아직 식사할 시간이 되지 않았지만 식당 안에는 적잖은 손님들이 음식을 먹기 위해 줄을 서서 기다리고 있었다. 나도 구석진 곳에 자리를 잡고 앉아 무엇을 먹을지 고민했다. 음식 조절을 해야 했지만 맛있는 냄새가 나는 루웨이 모둠 요리의 유혹을 떨쳐버릴 수가 없었다. 결국 하오, 추와 푸중쯔하오가 함께 만든 쥐안춘 요리를 맛보기로 했다. 주문하고 얼마 지나지 않아서 스테인리스 도시락에 가득 담긴 루웨이 모둠 요리가 나왔다. 안에는 수지(素鷄),* 절인 달걀, 루웨이 땅콩과 청대콩이 담겨 있었다. 나는 베이징 토박이였지만 이 가정식 쥐안춘 요리는 내 입맛에 딱 맞았다. 깊은 맛이 느껴지는 소박한 음식을 한 입 한 입 먹다 보니 입안 가득 루(滷)**의 향이 감돌았다.

주말이 되면 하오, 추 앞에 있는 작은 광장에 젠단성훠 시장이 들어선다. 장 볼 것이 없던 나는 쥐안옥 앞에 놓인 벤치에 앉아 꼬마 친구들이 아이스크림을 먹으며 놀고 있는 모습을 바라보았다. 아이들의 해맑은 모습을 보니 내 마음도 덩달아 유쾌해졌다. 갑자기 사진을 찍어달라는 아이 엄마의 요청에 그들의 추억을 위해 기꺼이 응해주었다.

과거의 쥐안춘은 타이완 사람들의 추억이 응집된 곳이었다. 하지만 현재 이곳은 타이완의 독특한 원창 문화를 받아들여 폐허가 될 운명을 극복하고 새로운 활기가 넘치는 곳으로 변화하고 있다.

---

* 닭고기처럼 만든 콩 요리
** 제염(製鹽)할 때 나오는 쓴맛이 나는 검은 즙

INFO

쓰쓰난춘

☐ 臺北市信義區松勤街50號

—

하오, 추

☐ 臺北市信義區松勤街54號, 信義公民會館C館

☐ +886-2-2758 2609

☐ 월~금 10:00~21:30 | 토, 일 09:00~18:30 | 매월 첫째 주 월요일 휴무

☐ http://www.goodchos.com.tw/

—

젠단 마켓

☐ 매주 일요일 13:00~19:00(생활 장터) | 매월 격주 토요일 13:00~19:00(중고 장터)

시먼훙러우

西門紅樓

×

창이 마켓(創意市集)

　　쾌청한 주말, 원창 문화의 온상지라 불리는 시먼훙러우에 가기 위해 길을 나섰다. 시먼딩(西門町) 지하철역 6번 출구로 나와 길을 건너자 우뚝 솟은 빌딩 숲 사이로 오랜 역사가 느껴지는 붉은 벽돌 건물이 눈에 띄었다. 이 건물의 처마 위쪽에는 '西門紅樓'라고 쓰여진 간판이 세워져 있었다.

　　시먼훙러우는 1908년 일제강점기에 준공된 타이완 최초의 공영 시장이다. 입구에 위치한 건물은 팔괘 형태의 서양식 건축물로 '사방팔방에서 온갖 사람이 모여든다'는 의미가 담겨 있다고 한다. 이 건물 뒤쪽의 십자형 건축물은 시장의 메인 건물로, 100년도 넘은 낡은 건물이지만 여전히 신선한 느낌이 들었다. 이른 시간이었지만 시먼훙러우의 북쪽 광장에는 벌써 여러 개의 흰 천막이 쳐지기 시작했고, 각 천막 안에서는 젊은 창업가들이 가판대를 벌여놓고 손님 맞을 준비로 분주했다. 준비가 끝나자 수많은 관광객이 몰려들어 여러 노점 사이를 오가며 물건을 구경하기 시작했다. 이곳의 창이 마켓(創意市集)은 2007년 7월부터 현재까지 주말마다 열리고 있다.

　　타이베이 원창 문화의 발전을 논할 때 창이 마켓이 끼친 영향을 간과할 수는 없을 것이다. 창이 마켓에서는 창업을 꿈꾸는 젊은 디자이너들이 노점을 설치해서 자신이 직접 만든 브랜드의 물건을 판매했다. 소비자들은 마음에 드는 물건을 직접 보고 고르면서 물건을 만든 디자이너와 대화도 나눌 수 있어 특히 이곳을

좋아하는 것 같았다. 내가 특별히 주말을 골라서 이곳에 온 이유도 그 에너지를 느껴보고 싶었기 때문이다.

광장에는 100여 개의 타이완 현지 브랜드 노점상이 모여 있었다. 수작업으로 만든 나무 국자, 귀여운 캐릭터가 그려진 티셔츠, 시선을 사로잡는 수제 캔버스화, 기타 피크로 만든 컬러풀한 목걸이, 검정 레코드판으로 만든 벽걸이 시계 등 다양한 물건이 판매되고 있었다. 각각의 물건은 심플하면서도 소박했고, 유머러스하면서도 엉뚱함이 느껴졌다. 형식과 틀에 얽매이지 않는 자유로운 스타일이 이 광장에 모두 모여 있는 듯했다.

수많은 노점의 물건 중에서 웃는 모습이 예쁜 한 여성이 그린 삽화 디자인이 내 시선을 사로잡았다. 귀엽고 독특한 캐릭터들이 스티커나 엽서, 노트 등에 등장했다. 화려한 컬러와 세련된 필치로 그려진 다양한 캐릭터가 마치 우리를 가상의 세계로 인도하는 것 같았다. 그중 슈퍼맨 옷에 붉은 망토를 두른 캐릭터 인형은 하늘을 향해 오른손을 높이 들고 있는 모습을 하고 있어서 '오른손잡이 슈퍼맨(右手超人)'이라는 이름을 붙였다고 한다. 이 이름은 브랜드의 명칭이기도 했다.

이 캐릭터를 만든 디자이너는 샤오위(小語)라는 젊은 여성이었다. 왜소한 체구에서 이토록 파워풀한 창작 능력이 나온다는 것이 참으로 신기했다. 그녀는 항상 오른손으로만 그림을 그려서 왼손보다는 오른손이 더 발달한 것 같다고 했다. 그래서 순간적으로 떠오른 '오른손잡이 슈퍼맨'이라는 이름을 브랜드명으로 정했다고 한다. 샤오위는 자신이 그린 정의로운 오른손잡이 슈퍼맨이 온 세상을 따듯하게 만들어주길 바라고 있었다. 그녀는 매주 창이 마켓에 와서 노점을 연다고 했다. 만약 이곳에 와서 열정적이고 밝은 성격의 노점상 여주인을 만나게 된다면 그녀가 바로 샤오위일 것이다.

이곳에서 만난 사람 중에 짐우(Jim Wu)라고 하는 아티스트도 기억에 남았다. 그는 원래 메이크업 아티스트였는데, 우연히 한 친구에게 병 속에 다육식물을 넣어 선물했던 것이 계기가 되어 '병 속의 아열대(瓶中的亞熱帶)'라는 브랜드를 만들게 되었다고 한다. 리넨 천이 깔린 그의 노점 테이블 위에는 다양한 재활용 유리병이 어수선하게 놓여 있었다. 그는 병 속에 여러 식물을 넣어 테라리엄(Terrarium)

을 만들어놓았는데, 병목에 예쁜 리본을 달아놓아서 선물용으로도 손색이 없을 것 같았다. 내가 식물을 어떻게 관리하는지 물어보자 그는 자상하게 각종 주의사항을 꼼꼼하게 알려주었다. 그러면서 매일 조금씩 자라나는 식물들을 지켜보는 것이 자신의 일 다음으로 가장 뿌듯한 일이라고 했다. 그는 보잘것없는 삶의 한 부분에 새로운 의미를 부여하고 있는 듯했다.

창이 마켓을 한 바퀴 둘러본 후 시먼훙러우 건물 안을 탐색해보기 시작했다. 팔괘 건물 안에 있는 바이바오거(百寶格)는 한창 번성했을 당시의 시먼훙러우를 그대로 재현하고 있었다. 초창기 시장 형태에서 공연장이나 영화관으로 바뀔 때까지의 모습과 현재의 원창 문화 발전의 플랫폼 역할을 하기까지의 모습이 그대로 남아 있었다. 팔각형 건물과 십자형 메인 건물을 연결하는 통로에는 이곳에 입주해 있는 브랜드의 로고가 붙어 있었다. 시먼훙러우는 2010년부터 줄곧 원창 문화의 근거지가 되어 잠재력 있는 수많은 원창 브랜드를 이곳으로 끌어들였다. 이렇게 조성된 전문 상가는 매년 엄격한 평가를 통해 입점 브랜드를 교체해나갔다. 규모가 커진 브랜드는 이곳을 벗어나 좀 더 큰 곳으로 이전하고, 그 자리에 다

시 신생 브랜드가 입점하는 방식이다. 전에 방문했던 '0416×1024도 이곳에서 규모를 키워 중산루로 이전한 경우다.

현재 이곳에는 1층의 16 공방(16工房)과 2층의 원창 꿈의 기지(文創孵夢基地)를 포함해서 22개 브랜드가 입점해 있다. 매장은 그리 크지 않지만 각자 브랜드의 독특한 스타일을 뽐내기에는 부족함이 없어 보였다. Native Studio는 바나나를 주제로 한 다양한 디자인 제품을 시리즈로 제작해서 판매했는데, 미국식 팝아트적인 분위기에 타이완 젊은이들이 좋아하는 코믹한 느낌이 어우러진 곳이었다. 섹시 스타 메릴린 먼로에서부터 우주 영웅 울트라맨까지 다양한 캐릭터가 약간은 우스꽝스러운 바나나맨으로 변신해 있었다. 이 바나나맨 캐릭터는 티셔츠, 책가방, 마스크 등 여러 생활용품에 등장한다. 매장 유리창에 붙은 형형색색의 바나나맨 스티커 역시 오가는 사람들의 시선을 사로잡았다. 또 다른 매장에서는 복고를 테마로 해서 만든 각종 디자인 제품을 판매하고 있었다. 디자이너 레진(Regine)은 어린 시절에 친구 역할을 했던 구슬이나 그의 할머니가 젊었을 때 사용하던 화장품처럼 지난날의 소중한 물건들을 디자인 소재로 삼았다. 이런 디자인을 지갑이나 책가방 같은 일상용품에 적용해 어린 시절의 추억을 불러일으켰다.

시먼훙러우에서는 더 많은 디자인 업체에 전시 공간을 제공해주기 위해 종종 테마 창작전을 개최하기도 하는데, 내가 방문한 날에도 5개의 브랜드가 공동 기획한 '집의 미각(眉角)*'이라는 합동 전시회가 진행되고 있었다.

집을 테마로 한 이 전시회는 참여한 5개의 브랜드가 각각 가족 구성원의 역할

* 원래 '눈썹꼬리'를 가리키는 말이지만, 타이완에서는 발견하거나 터득하기 쉽지 않은 기교나 요령을 일컫기도 한다.

을 맡도록 기획되었다. 창작삽화협회 U&S 수수와 메이메이(叔叔與妹妹)*의 멤버인 수수(叔叔)가 전시회 속 가족과 그들의 작품을 소개해주었다. 할아버지 시카(夕卡, Shi Ka)는 골동품 수집을 좋아해서 작업대에 추억의 수공예 가죽 제품이 가득했다. 언니 Le Groove는 목재로 정교한 장식품을 만들어냈고 언니를 닮아 예쁜 것을 좋아하는 여동생 Sabrina's Shop은 자신이 디자인한 셔츠 칼라를 옷장 가득히 넣어두었다. 그리고 엄마 부부 바오바오(布布抱抱, booboohug)의 방 안에는 패브릭백이 잔뜩 걸려 있었다. 마지막으로 U&S 수수와 메이메이는 가족 구성원 중에서 그림 그리기와 색칠하기를 좋아하는 다락방 고양이 샤오메이(小美) 역할을 맡았다.

작품을 다 둘러본 후, 친절하게 설명해준 '수수' 원귀신(溫國欣) 선생과 잠시 이야기를 나누었다. U&S 수수와 메이메이의 멤버 중에서 '메이메이'는 상상력이 풍부한 메인 디자이너로, 그녀의 디자인은 매우 자유분방해 보였다. 대표적인 디자인은 땅 밟기를 좋아하는 맨발의 츠마오족(赤毛族)인데 츠마오족은 눈이 작고 다리에 털도 숭숭 나 있는 독특한 캐릭터였다. 그리고 원귀신 선생은 인쇄 제작과 브랜드 홍보를 맡고 있었다. 수수와 메이메이 두 사람은 역사는 그리 오래되지 않았지만 창작삽화협회를 조직한 후 타이완의 크고 작은 시장을 다니면서 뜻이 맞는 친구들을 많이 알게 되었다고 한다.

'집의 미각' 전시회에 대한 웹사이트 홍보페이지에서 다음과 같은 글을 발견했다. "시먼훙러우는 원창 문화라는 커다란 집에서 가장(家長) 역할을 하고 있다. 서로 다른 개성을 지닌 브랜드들이 가족처럼 각자의 역할을 맡아서 시먼훙러우라는 울타리 아래 서로 도와가며 살아가고 있는 것이다. 이것이 바로 '집의 미각'이다. 이런 우리의 모습에서 사람들이 행복과 정을 느끼길 바란다."

나는 한나절 내내 돌아다니면서 그동안 몰랐던 다양한 창작 브랜드를 알게 되었고, 타이완 사람들의 원창 정신을 조금이나마 이해할 수 있게 되었다. 타이완의 원창 문화는 나이가 많든 적든, 생각이 옳든 그르든 상관하지 않고 모든 것을 다

---

* '삼촌과 여동생'이라는 뜻이다.

받아들이고 있었다. 이처럼 모든 것을 다 포용하는 시먼훙러우라는 든든한 집안의 가장 아래 타이완의 젊은 디자이너들은 자신의 일과 꿈을 위해 열심히 노력하고 있었다. 이 얼마나 멋진 일인가!

INFO
시먼훙러우

☐ 108臺北市萬華區成都路10號

☐ +886-2-2311 9380

☐ http://www.redhouse.org.tw/

——

창이 마켓

☐ 매주 토요일 14:00~22:00 | 일 14:00~21:30

INFO+
둥시하오 원창 마켓 東西好文創市集

☐ 臺北市信義區光復南路133號(쑹산원창 단지)

☐ 토, 일 12:00~19:00

——

수이수이 창이 마켓 水水創意市集

☐ 臺北市中正區八德路1段1號(화산원창 단지)

☐ 매주 토요일 12:00~20:00

——

텐무성휘 마켓 天母生活市集

☐ 臺北市士林區天母西路天母停車場士林1號廣場

☐ +886-988 528 517

☐ 매주 토요일 14:00~22:00 | 일 15:00~21:00

#4

쑹산원촹 단지

松山文創園區

×

청핀성훠 쑹옌점(誠品生活松菸店)

청핀성훠 쑹옌점의 개점 소식을 처음 들은 것은 2013년 내가 타이베이를 떠나기 전날 저녁 무렵이었다. 츠펑제에 있는 강하오에서 갓 내린 커피와 안주인이 직접 만든 쿠키를 맛보고 있을 때 우연히 옆자리 손님이 쑹산원촹 단지에 새로 생긴 청핀(誠品) 상가에 관해 이야기하는 것을 듣게 되었다. 그곳에는 지난 100년간의 타이완 원조 브랜드가 전부 모여 있고, 각종 수공예 체험 공방도 들어서 있어서 원촹 문화 애호가들이 성지로 여긴다고. 하지만 다음 날 아침 일찍 타이중으로 이동해야 했던 나로서는 안타까움의 눈물을 흘릴 뿐이었다. 그래서 그때, 다시 타이베이를 방문하게 된다면 제일 먼저 쑹산원촹 단지와 청핀성훠 쑹옌점을 가보기로 굳게 결심했다.

2014년 량톄 환다오 타이완(兩鐵環島臺灣)*에 참가하게 된 것을 계기로 나는 다시 타이완 땅을 밟게 되었다. 일주일의 시간을 남겨두고 타이베이 거리와 골목에 있는 라이프스타일숍을 신나게 찾아다녔다. 쑹산원촹 단지는 특별히 한나절 동안 시간을 내어 둘러보기로 하고, 시먼훙러우에서 만났던 U&S의 삼촌을 통해 가는 길을 미리 알아놓았다.

다음 날, 볕이 좋아서 일찌감치 쑹산원촹 단지로 향했다. U&S의 삼촌이 알려

---

* 철도와 자전거를 이용해서 타이완을 일주하는 여행

준 대로 먼저 스정푸(市政府) 지하철역에서 내려 쑹산원창 단지의 서문으로 들어
가니 예쁜 연못이 나타났다. 연못가에는 각종 수중 식물이 가득했고, 솔솔 불어오
는 바람이 맑은 호수 위에 잔물결을 일으키며 지나갔다. 앞을 보니 타이베이 원
창 빌딩이 바로 보였다. 청판성훠 쑹옌점이 입점해 있는 타이베이 원창 빌딩은
일본의 유명 건축가 이토 토요(伊東豊雄, Ito Toyo)가 설계한 건축물이다. 건물 외관
은 커다란 책을 펼쳐놓은 것 같았고 넓은 건물 전면에 끼워진 유리창은 햇빛에
반사되어 빛을 발산하고 있었다.

　아직 이른 시간이라 서두르지 않고 느긋하게 주변을 먼저 탐색해보기로 했다.
연못 주변을 거니는데 시멘트로 지어진 나지막한 양옥 건물이 보였다. 건물의 낡
은 문과 창문에서 고풍스러움이 그대로 묻어났다. 이곳은 원래 담배 공장의 기계

를 수리하던 곳이었지만 지금은 타이완 원촹 브랜드인 리우리 공방(琉璃工房)에서 만든 샤오산탕(小山堂, Liuli Café) 레스토랑으로 개조되어 있었다. 내부에 설치된 흰 오리 조형물 역시 리우리 공방의 디자이너 양후이산(楊惠姍)이 어린 시절을 추억하며 만든 작품이라고 한다. 이곳 바로 옆에는 청아한 민트색의 작은 목조 주택이 있었는데, 정원에 심어진 커다란 나무가 아늑한 그늘을 만들어주어 무척 편안한 느낌이 들었다.

원촹 빌딩으로 발걸음을 옮겼다. 다가가 자세히 살펴보니 건물의 한쪽 파사드(Facade)를 점층적으로 안으로 들어서 지었다는 것을 알게 되었다. 작은 정원을 꾸밀 수 있는 넉넉한 발코니와 지하 2층 높이의 천정이 있고, 천정의 한쪽 벽면을 녹색 식물들로 조성해 조용하면서도 독립적인 야외 쉼터를 탄생시켰다. 이런 친환경적 건축 이념은 타이베이가 추구하는 녹색 도시 조성이라는 취지와도 맞아떨어졌다.

안내 지도 속 청핀성훠 쑹옌점은 그 규모가 정말 대단했는데, 지하 2층과 지상 1~3층 공간을 전부 차지하고 있었다. 그래서 사람들이 이곳을 '현대 원촹 문화의 공장'이라고 부르는 것 같았다. 오락과 푸드를 중심으로 조성된 지하 2층 러톄커(樂饕客)에는 영화관과 각종 음식점이 있고, 영화관과 공연장에서는 최초 크로스오버 영화를 상영하거나 각종 문화와 예술 공연을 개최하기도 했다. 그리고 이곳에는 하오양 그룹 산하의 하오양 칭스처럼 자신만의 스타일이 분명한 테마 식당도 여럿 있다. 지상 1층 지스상(極時尚)에는 청핀의 직영 의류 브랜드인 AXES 외에 수많은 의류 브랜드와 디자이너 소품 편집숍이 있고, 창작 예술과 체험을 중심으로 한 2층 촹완이(創玩藝)에는 다양한 타이완 원촹 라이프스타일숍이 모여 있다. 전에 가본 모구와 '0416×1024도 이곳에 입점해 있었다. 3층 수줴안치(書卷洄)는 청핀 서점과 타이완의 다도 문화가 결합한 공간이다. 또한 책과 차에 빠질 수 없는 것이 음악이듯 서점의 한쪽 구석에는 타이완 제일의 레코드 음반숍이 있다. 문학적인 분위기 속에 풍겨오는 차의 향기와 은은하게 들리는 선율은 이곳을 찾는 사람들을 매료시키기에 충분했다.

원촹 빌딩은 층마다 개성이 뚜렷해서 하나하나 꼼꼼하게 살펴볼 만했다. 나는 그중 유독 관심이 가는 2층을 먼저 둘러보기로 했다. 2층의 서편 양쪽에는 타이완 현지 가구 인테리어 소품과 생활용품 브랜드가 있는데, 자연 제품을 좋아하는 두 여성이 운영하는 향초숍에는 수작업으로 만든 아로마 비누와 향이 좋은 각종 디퓨저 제품을 판매했다. 2층 중앙에는 100년 전통을 이어온 지우전난 빙뎬(舊振南餅店)이나 자연 재료로 만들어 맛도 있고 가격도 부담 없는 식품점 안신웨이쒜(安心味覺)를 비롯해 더우유보(豆油伯), 미펑 공방(蜜蜂工坊) 등 현지 전통 식품을 판매하는 점포들이 모여 있다.

안쪽으로 더 들어가면 각종 창작 예술을 체험할 수 있는 오픈형 수공예 스튜디오가 나온다. 이곳에는 타이완 최초로 쇼핑몰 내에 가마를 들여와 글라스 블로잉 기법으로 유리 공예품을 만드는 쿤수이징 스튜디오(坤水晶工作室)가 있다. 이 외에도 자유로운 붓 터치로 그림을 그릴 수 있는 The Escape Artist, 은 장식품을 직접 단조(鍛造)해서 제작하는 얼민 서우쭤즈(二皿手作紙), 창작 도예품을 만드는 우싱촹이(伍行創藝) 등이 있다. 만약 체험 예약을 하지 못했더라도 걱정할 필요는 없다. 이곳의 모든 공간은 개방되어 있어서 제작 과정을 가까이서 지켜볼 수 있기 때문이다. 창작 스튜디오 중에서 내가 가장 오래 머물렀던 곳은 진산 차오궁 스튜디오(金山草工工作室)였다. 스튜디오 내부의 원목 작업대 위에는 각종 공구가 널려 있었고, 주변에 있던 학생들은 강사의 설명을 들은 후 곧바로 자신의 작업에 몰두하기 시작했다. 이곳에 오면 온종일 수공예 작업을 체험해볼 수 있어서 시간 가는 줄도 모를 것 같았다.

2층의 동편은 두 브랜드가 공간을 나누어서 차지하고 있다. 하나는 청핀성훠에서 직접 운영하는 라이프스타일 편집숍 Living Project이고, 다른 하나는 원촹 브랜드 Expo이다. Living Project는 청핀성훠가 추구하는 생활 미학을 체험할 수 있는 장소로 생활의 중심은 '집'이라는 개념을 비전으로 제시하고 있다. 이곳에서는 세계 각국이나 타이완 현지 라이프스타일 용품을 엄선해서 들여와 판매하고 있다. 매장 안으로 들어가려고 하니 입구에 내부 안내도가 붙어 있는 것이 보였다. 매장 내부는 그린 라이프(綠色生活), 릴렉싱 타임(放松時刻), 리빙룸(居家生活), 다이닝 테이블(廚房餐桌), 베이비 가든(嬰兒房), 디자인 스테이셔너리(書房設計)와

집의 비밀 공간(秘密基地, 프로젝트 룸)으로 나누어져 있고, 편안하면서도 따뜻한 분위기가 느껴졌다.

Expo는 'Eslite×Platform Original'에서 생겨난 브랜드로 청핀성훠에 오리지널 문화가 더해져서 만들어진 곳이다. 70여 개의 원촹 브랜드가 모인 이곳은 원촹 생활잡화를 주로 판매하고 있다. 대부분 신생 브랜드인 이곳의 가게 주인들은 창의력이 풍부한 개인이나 단체들이었다. 청핀성훠는 자신이 만든 작품을 선보일 플랫폼이 없어 애를 먹던 이들을 위한 통로로서 이곳을 아예 통째로 개방해준 것이다. 그뿐만 아니라 협회를 설립해서 아티스트들이 매장을 운영하고 상품을 판매할 수 있도록 많은 도움을 주고 있다.

내가 이곳을 들렸을 때, 마침 여름을 테마로 한 행사가 진행 중이었다. 입구의 유리창 위에는 타이완의 인기 일러스트레이터 청(Cherng)이 그린 말레이맥 캐릭터 그림이 붙어 있었는데, 우스꽝스러운 말레이맥의 모습이 사람들의 시선을 끌었다. 행사장 내부는 철제와 목재로 최대한 심플하게 꾸며져서 진열된 제품들이 더욱 돋보이는 것 같았다. 진열대 위에는 다양한 브랜드의 제품이 질서정연하게 놓여 있었고, 제품 옆에는 상세한 설명서가 있어서 디자이너의 제작 의도나 창작 스토리를 쉽게 알 수 있었다.

청핀성훠 쑹옌점을 나오면서 더 구경하고 싶은 마음에 자꾸만 뒤를 돌아보게 되었다. 온종일 돌아다녀도 전혀 힘들지 않을 것 같았지만 아쉬움을 뒤로 한 채 넓은 길을 따라 앞으로 걸어갔다. 그러자 60년 전의 모습을 그대로 유지하고 있는 담배 공장 창고가 나타났다. 시멘트로 마감 처리된 건물의 벽면은 깔끔하면서도 우아해 보였다. 현재 이곳은 정기적으로 전시회를 개최하는 예술 공간으로 사용되고 있었다.

쑹산원촹 단지는 타이완 최초의 전문 담배 공장이자 현대화된 공업 공장의 선구자 역할을 했다. 2010년도에 낡은 담배 공장에서 현재의 모습으로 재탄생해서 타이완 문화예술 산업의 집결지가 된 것이다. 단지 내에는 조금 전에 들른 타이완 원촹 빌딩 외에 타이완 창의 디자인 센터도 있다. 서둘러서 가봤지만 아쉽게도 개방 시간이 지나서 발길을 돌릴 수밖에 없었다.

담배를 제조하던 건물의 아치형 복도를 지나자 이국적인 풍경의 바로크식 화원이 나타났다. 화원 돌계단 위에 앉아서 바라보니 뒤쪽으로는 낡은 담배 공장 창고가 보였고, 앞쪽으로는 조금 멀리 떨어진 곳에 있는 화려한 원창 빌딩이 눈에 들어왔다. 두 건물은 겉모습은 다르지만 그 안을 들여다보면 원창 문화가 디테일한 부분까지 스며들어 타이완의 독특한 기질과 잘 융합되어 있었다.

쑹산원창 단지는 한마디로 말해서 문화와 예술을 전시하고 체험할 수 있는 공간이다. 만약 타이베이에서 하루 동안 타이완의 원창 문화를 체험해보고 싶다면 쑹산원창 단지와 청핀성훠 쑹옌점이 제격일 것이다.

INFO

쑹산원창 단지

☐ 臺北市信義區光復南路133號

☐ +886-2-2765 1388

☐ 실내 09:00~18:00 │ 실외 08:00~21:00

☐ http://www.songshanculturalpark.org/

─

청핀성훠 쑹옌점

☐ 臺北市信義區菸廠路88號

☐ +886-2-6636 5888

☐ B2/1F/2F/3F 11:00~22:00(영화관: 일~목 10:00~22:00 │ 금, 토 10:00~23:00)

☐ http://artevent.eslite.com/

台湾好物-寻台北生活设计好店

TAIPEI
SHOP+ING

타 이 베 이   쇼 핑

초판인쇄 2017년 7월 7일
초판발행 2017년 7월 7일
지은이 시린(喜琳)
옮긴이 임화영
펴낸이 채종준
기 획 박능원
편 집 조은아
디자인 조은아
마케팅 송대호

펴낸곳 한국학술정보(주)
주소 경기도 파주시 회동길 230(문발동)
전화 031 908 3181(대표)
팩스 031 908 3189
홈페이지 http://ebook.kstudy.com
E-mail 출판사업부 publish@kstudy.com
등록 제일산－115호(2000. 6. 19)

ISBN 978-89-268-7926-9 03980